Elektromobilität

Markus Lienkamp

Elektromobilität

Hype oder Revolution?

 Springer Vieweg

Markus Lienkamp
Lehrstuhl für Fahrzeugtechnik
TU München
Garching
Deutschland

ISBN 978-3-642-28548-6   ISBN 978-3-642-28549-3 (eBook)
DOI 10.1007/978-3-642-28549-3

Die Deutsche Nationalbibliothek verzeichnet diese Publikation in der Deutschen Nationalbibliografie; detaillierte bibliografische Daten sind im Internet über http://dnb.d-nb.de abrufbar.

Springer Vieweg
© Springer-Verlag Berlin Heidelberg 2012

Springer Vieweg ist eine Marke von Springer DE.
Springer DE ist Teil der Fachverlagsgruppe Springer Science+Business Media
www.springer-vieweg.de

Unseren Kindern, deren zukünftige Welt wir heute gestalten.

Vorwort

Viele haben mich gefragt, warum jemand, der fast 15 Jahre in der Automobilindustrie gearbeitet hat, ein Top-Einkommen und bei Volkswagen noch eine aussichtsreiche Karriere vor sich hatte, die Koffer packt und aussteigt: Es war ein längerer Prozess, der mit dem Buch „Faktor 4" von Ernst Ulrich von Weizsäcker seinen Anfang hatte. Darin wird beschrieben, wie der Wohlstand verdoppelt werden kann bei gleichzeitiger Senkung des Energieverbrauchs um die Hälfte. Der Teil zum Thema der automobilen Mobilität ist recht kurz ausgeführt und bezieht sich auch eher auf die amerikanische Situation des Autos. Mir wurde aber bewusst, wie einfach es doch in manchen Fällen ist, gleichzeitig Energie und Geld zu sparen.

Ein weiteres einschneidendes Ereignis war der Film von Al Gore „Eine unbequeme Wahrheit". Mir war einfach die drohende Gefahr eines Klimawandels lange Zeit nicht klar gewesen. Ich fuhr gern Auto und war der Meinung, dass mit der Bezahlung an der Tankstelle auch alles abgegolten sei – der Sprit war ja immerhin teuer genug. Mein Sohn fragte mich mit seinen damals 9 Jahren, ob er denn den Film einmal ausleihen könne, um ihn seiner Klasse zu zeigen. Da wurde mir klar, dass es gar nicht um uns geht, sondern eigentlich um die Welt unserer Kinder und Enkelkinder.

Dann empfahl mir ein Freund das Buch „Twighlight in the Desert", das auf die Endlichkeit der Ölförderung hinweist. Dies Buch führte mir vor Augen, dass Öl wohl doch nicht so unendlich verfügbar ist, wie uns immer wieder glauben gemacht wird.

Als ich mich um die Professur an der TU München bewarb, machte ich mir bei der Vorbereitung meines Berufungsvortrags ernsthafte Gedanken, wie man am besten einen sowohl ökologisch als auch wirtschaftlich vertretbaren Weg für die Mobilität von morgen aufzeigen kann. Letztlich wurde mir bewusst, dass es so wie bisher nicht weitergehen kann. Die Automobilindustrie in Deutschland hat das aber nach meiner Einschätzung nicht in diesem Ausmaß erkannt und fühlt sich durch große weltweite Erfolge sicher. Ich möchte mit diesem Buch durchaus aufrütteln, die deutsche Industrie vor Gefahren warnen und ihr durch meine Forschung international einen Vorsprung verschaffen. So hoffe ich, dass in vielleicht 10 Jahren die heutigen Kritiker und Skeptiker den Nutzen meiner Arbeit sehen.

Ich wollte das Buch gut lesbar gestalten und erhebe deshalb – selbst wenn ich Wissenschaftler bin – nicht den Anspruch auf exakten wissenschaftlichen Beweis. Für Hinweise und neue Details bin ich dankbar.

Danksagung

Ich möchte etlichen Personen Dank sagen. Zum einen jenen, die meine Gedanken und Werte geprägt haben, zum anderen auch denjenigen, die meine Arbeit und die damit verbunden Unannehmlichkeiten ertragen haben.

Meine Familie hat meine Karriere verkraften müssen, die mit sehr langen Arbeitszeiten und vielen Abwesenheiten durch Dienstreisen verbunden war. Um dieses Buch schreiben zu können, war auch mein Wechsel an die TU München nötig, der mit vielen Diskussion mit meiner Frau verbunden war, ob wir denn wirklich mit vier Kindern so einen großen neuen Schritt wagen sollen. Sie hat mich letztendlich dazu ermutigt, diesen Weg zu gehen.

Ich habe mich bei Volkswagen sehr wohl gefühlt und nicht nur viele gute Kollegen, sondern auch Freunde zurückgelassen. Ich möchte mich bedanken bei meinen Kollegen von VW, vor allem bei Dr. Michael Hazelaar, Jürgen Stieg, Alexander Siebeneich und Wolfgang Müller-Pietralla für intensive Diskussionen um den richtigen Weg der zukünftigen Mobilität und bei Prof. Dr. Wolfgang Steiger für das gemeinsame erste Aufgreifen der Thematik Elektromobilität.

Bei Prof. Dr. Klaus Dieter Maubach von EON bedanke ich mich für die ersten Diskussionen darüber, ob denn Elektromobilität überhaupt mit dem Energienetz darstellbar ist – wir haben das quasi auf einer Serviette ausgerechnet.

Prof. Dr. Bernd Heissing danke ich, der mich angesprochen und ermutigt hat, an die TU München zu wechseln und dem ich einfach nur vertraut habe.

Die Kollegen Professoren der TU München haben mich in den vielen Aktivitäten zur Elektromobilität begleitet und mit immerhin 21 Lehrstühlen am Forschungsauto für die IAA mitgearbeitet.

Den Mitarbeitern an meinem Lehrstuhl danke ich für die freundliche Aufnahme und das Vertrauen, neue Wege mit mir zu gehen. Dem MUTE-Team danke ich ganz besonders für dessen unvorstellbar hohen Einsatz bei der Realisierung dieses Elektrofahrzeugs. Außerdem danke ich den zahlreichen Mitarbeitern des Lehrstuhls, die zum Gelingen des Buches beigetragen haben.

Stefanie Westenberger sowie meiner Frau danke ich für das Gegenlesen und Sigrid Cuneus für das Lektorat.

München, im Februar 2012   Markus Lienkamp

Inhaltsverzeichnis

Die Endlichkeit von Ölvorräten und der Klimawandel

1

Zunächst möchte ich klar zwischen zwei generellen Treibern bei der Diskussion um Mobilität unterscheiden: dem CO_2-Ausstoß, der den Klimawandel mit hervorruft und der Verfügbarkeit von Öl, die die direkten Kosten der Mobilität bestimmt. Diese beiden Faktoren werden leider sehr häufig nicht sauber auseinandergehalten. Sie können aber von den Konsequenzen her durchaus in unterschiedliche Richtungen gehen.

Nehmen wir zum Beispiel die Elektromobilität: Betrachtet man ein Elektrofahrzeug, ist dies zunächst komplett unabhängig vom Öl. Betreibt man aber ein solches Fahrzeug mit Strom aus alten Kohlekraftwerken, kann das den CO_2-Ausstoß im Vergleich mit Benzin verdoppeln. Auf der anderen Seite können bestimmte nachwachsende Rohstoffe sowohl zu einer Reduzierung des CO_2-Ausstoßes führen als auch zur Unabhängigkeit vom Öl – die Problematik der Nahrungsmittelkonkurrenz sei hier einmal außer Acht gelassen.

Diese Unterscheidung zwischen CO_2 und Ölverfügbarkeit ist essentiell wichtig. Der Klimawandel ist zeitlich natürlich noch sehr weit weg und betrifft eher unsere Enkelkinder (die manche ja gar nicht haben werden). Somit ist er für viele eher ein altruistisches Thema und betrifft hier und heute noch keinen im Alltag. Dennoch stellt er in der öffentlichen Diskussion (richtigerweise) das heute vorherrschende Thema in Deutschland dar.

In anderen Ländern scheint der Klimawandel – wenn man sich anschaut, wer das Kyoto-Abkommen unterschrieben hat – keine bedeutende Rolle zu spielen. Damit meine ich die Hauptemittenten von CO_2: die USA und China. Dort diskutiert man viel stärker die Versorgungssicherheit, also letztlich die Verfügbarkeit von Öl zu einem niedrigen Preis. Wie wäre sonst erklärbar, dass die USA mit z. T. militanter Vehemenz für billiges Öl kämpfen und sich gleichzeitig entschieden gegen die Festsetzung von Grenzwerten für CO_2 wehren...

M. Lienkamp, *Elektromobilität*,
DOI 10.1007/978-3-642-28549-3_1, © Springer-Verlag Berlin Heidelberg 2012

1.1 Ölressourcen und Ölreserven

Man unterscheidet in der Fachwelt zwischen Ölreserven und Ölressourcen. Ölreserven sind nachgewiesene Quellen, die sicher gefördert werden können und auch schon erschlossen sind. Die größten Ölreserven liegen derzeit auf dem Festland und dort vor allem im Nahen Osten. Ölressourcen sind Quellen, die man prinzipiell gefunden hat. Diese sind aber noch nicht erschlossen, es ist auch nicht klar, ob das technisch möglich ist und wie hoch die Kosten dafür sein werden. Die Vorlaufzeit für die Erschließung dieser Quellen und um Öl in brauchbaren Mengen zu fördern, beträgt für kleinere Felder ca. 8 Jahre, für sehr große Felder teilweise länger als 12 Jahre. Daher ist heute schon gut berechenbar, welche Fördermengen in den nächsten zehn Jahren maximal zur Verfügung stehen. Viele Länder halten diese Zahlen aber geheim, weil solche Informationen als wichtige Instrumente zur Preisbestimmung dienen. Zudem muss man wissen, das in der OPEC (Organisation Erdöl exportierender Länder) die Förderquoten anhand von nachgewiesenen Reserven festgelegt werden. Ein Staat, der das Bestreben hat, möglichst viel Öl zu verkaufen, wird somit tendenziell seine Reserven eher zu hoch ausweisen.

Das Buch „Twilight in the Desert" beschreibt wissenschaftlich exakt, wie Ölförderung im Nahen Osten, besonders in Saudi-Arabien, funktioniert. Dort gibt es besonders große Ölfelder, die „Super-Giant Fields", die einen beträchtlichen Anteil des weltweiten Rohöls liefern. Diese Ölfelder konnten in der Vergangenheit immer genutzt werden, um die Ölproduktion sehr schnell hochzufahren, wenn in Krisenregionen die Ölproduktion ausfiel. Saudi-Arabien war also immer der „Swing Producer", der jederzeit reagieren konnte. Letztlich schadete diese Methode den Ölfeldern. Die Ölfelder sind auf diese Weise sehr schnell mit quasi Superstrohhalmen ausgebeutet worden. Wenn man ein Glas mit einem sehr großen Strohhalm austrinkt, ist dadurch auch nicht mehr Inhalt im Glas – es wird nur schneller leer. Genau das scheint aber mit eben jenen Ölfeldern zu passieren, so dass einer der größten Ölproduzenten der Welt auf absehbare Zeit voraussichtlich einen erheblichen Rückgang der Förderraten hinnehmen muss. Die Fördermenge in einem Ölfeld ähnelt einer Glockenkurve. So fallen, wenn Ölfelder erschöpfen, sehr schnell die Förderraten ab. Es gibt aber kaum Quellen, die diesen Rückgang kompensieren könnten. Derzeit wird der Rückgang der Produktion von Ölquellen fast ausschließlich durch Öl, das aus der Tiefsee gefördert wird, aufgefangen. Die Erschließung dieser Quellen ist zum einen sehr aufwändig und damit teuer, zum anderen, wie man im Jahr 2010 im Golf von Mexiko gesehen hat, mit erheblichen Risiken verbunden.

Erstaunlich ist, dass im Deutschen von Ölförderung gesprochen wird. Im Amerikanischen gibt es dagegen den Ausdruck „oil production", also Ölproduktion. Dieses Wort erzeugt bei mir die Vorstellung, als ob man unbegrenzt Öl „produzieren" könnte. Der Gedanke, dass Ölvorräte endlich sind, wird bei dieser Bezeichnung nicht deutlich.

Eine weitere Möglichkeit, Öl zu erzeugen, sind Ölsande und Ölschiefer. Kanada hat große Mengen davon. Diese müssen aber aufwändig abgebaut werden. Sie erfordern einen hohen Energieeinsatz, weil das Öl mit heißem Wasser ausgewaschen wird, und hinterlassen massive Umweltschäden. Sie können zudem auch nur einen kleinen Teil der ausfallenden Ölförderung ersetzen.

Kohleverflüssigung wäre ein weiterer Weg, Öl zu erzeugen. Dies ist in Deutschland im 2. Weltkrieg mit dem Fischer-Tropsch-Verfahren schon gemacht worden. Die CO_2-Bilanz ist aber wegen des hohen Energieaufwandes katastrophal. Zudem erfordern die Anlagen sehr hohe Investitionen. Kohle ist allerdings noch lange in ausreichender Menge verfügbar und damit billig. China baut derzeit schon die ersten Anlagen, um eine eigene Ölproduktion (hier stimmt die Bezeichnung) im Lande aufzubauen.

1.2 Gasvorräte

Gasvorräte sind in der Regel an Ölvorhaben gekoppelt. Wenn Öl gefördert wird, bildet sich im oberen Teil eine Gasblase. Das heißt, wenn die Ölquelle erschöpft ist, lässt sich danach noch jahrelang Gas fördern. Es wird auch diskutiert, ob riesige Vorkommen in der Tiefsee, wo Gas in Form von Methanhydrat in fester Form gebunden ist, genutzt werden können. Der Abbau ist aber noch nicht geklärt und möglicherweise sehr risikoreich. Neue Verfahren können auch Gasvorkommen erschließen, die bisher nicht gut zugänglich waren. Dazu werden Löcher in gashaltige Schichten gebohrt, durch Sprengungen Risse erzeugt und damit Gaseinschlüsse freigesetzt. Durch dieses Verfahren soll sogar die USA den Gasbedarf aus eigenen Quellen decken können. Die Umweltzerstörung durch diese Form der Erdgasförderung wird derzeit in den USA heftig diskutiert. Es kann aber insgesamt klar festgestellt werden, dass Gas noch deutlich länger zur Verfügung stehen wird als Öl. Zudem hat Erdgas auch bei gleichem Energieinhalt einen deutlich geringeren CO_2 Ausstoß als Öl und erst Recht als Kohle.

Erdgas besteht aus Methan, das unter hohem Druck verflüssigt wird (Compressed Natural Gas: CNG). Damit ist der Ausrüstungsaufwand von Fahrzeugen mit Drucktanks kostspielig. Da aus Sicherheits- und Platzgründen nur 25 kg CNG im Auto mitgeführt werden dürfen, ist die Reichweite dieser Fahrzeuge auf ca. 400 km begrenzt. Erdgas könnte aber mit einem entsprechenden Tankstellennetz und durch die schnelle Betankbarkeit sehr gut Benzin und Diesel ersetzen.

1.3 Nicht-Rohöl-basierte Flüssigtreibstoffe

Bei nachwachsenden Treibstoffen gibt es verschiedene Wege, um Kraftstoffe zu erzeugen.

1.3.1   Bioethanol aus Weizen/Mais/Zuckerrohr durch alkoholische Gärung

Es gibt verschiedene Rohstoffe, aus deren Biomasse Alkohol erzeugt wird. Dieser kann Benzinkraftstoffen zugemischt werden. Alkohol hat volumetrisch einen niedrigeren Brennwert als Benzin, so dass der Literverbrauch steigt. Vor allem in den USA wird aus Mais Alkohol gewonnen. Leider ist Mais auch ein Nahrungsmittel, so dass 2008 der Preis für Mais wegen des hohen Anteils zur Erzeugung von Kraftstoffen stark gestiegen ist. Das hat zu Protesten der Bevölkerung in Mexico geführt, die Mais als Nahrungsmittel benutzen. In Brasilien gibt es große Anbauflächen für Zuckerrohr. Hier muss kritisiert werden, dass dafür z. T. Regenwald abgeholzt wird und der Anbau von Monokulturen aus Umweltsicht bedenklich ist. Brasilien kann einen erheblichen Teil des Kraftstoffbedarfs mit Alkohol aus Zuckerrohr decken.

1.3.2   Dieselkraftstoffe

In Deutschland wurde viel Raps angebaut, aus dem Rapsmethylester (RME) hergestellt wird, der dem Dieselkraftstoff beigemischt werden kann. In anderen Ländern wird Palmöl angebaut, das zu Dieselkraftstoff verarbeitet werden kann. Beimischungen über ca. 5 % vertragen aber die modernen Dieselmotoren wegen dafür nicht geeigneter Einspritzpumpen nicht.

1.3.3   Kraftstoff aus Erdgas

Über synthetische Verfahren kann man aus Erdgas auch flüssige Kraftstoffe erzeugen. Diese Verfahren werden als „Gas to liquid" bezeichnet. Eine große Anlage ist vor einigen Jahren in Katar in Betrieb gegangen. Vorher wurde dort das Erdgas (eine Beimischung bei der Erdölförderung) z. T. einfach abgefackelt. Der daraus hergestellte Kraftstoff hat eine sehr gute Qualität und senkt die Stickoxid-(NOx), Kohlenwasserstoff- (HC) und Kohlenmonoxid- (CO) Emissionen von Verbrennungsmotoren erheblich. Er wird Dieselkraftstoff beigemischt und dann als Premium-Kraftstoff verkauft. Anstelle des teuren und aufwändigen Prozessablaufs wäre auch denkbar, ein Fahrzeug direkt mit Erdgas zu betreiben.

1.4   Flüssiggas

Flüssiggas (LPG) wird besonders in Italien als Kraftstoff genutzt. Der Umbau eines Benzinfahrzeuges auf LPG ist recht kostengünstig möglich, weil das Gas, bestehend aus einem Gemisch aus Propan und Butan, unter geringem Druck verflüssigt. LPG ist ein Beiprodukt der Kraftstoffraffinierung und deshalb komplett an Rohöl gekoppelt. Da das Gas schwerer als Luft ist und bei Leckagen zu Boden sinkt, ist das Befahren von Tiefgaragen häufig nicht gestattet.

1.5 Wasserstoff

Wasserstoff wird im Wesentlichen durch Elektrolyse aus Wasser erzeugt. Strom kann man natürlich aus allen möglichen Ressourcen herstellen, so dass Wasserstoff eine echte Alternative zu Öl wäre. Leider ist die Energieeffizienz bei diesem Prozess nicht besonders gut, so dass es energetisch günstiger wäre, aus Kohle direkt über Verflüssigung Kraftstoff zu erzeugen als aus in Kohlekraftwerken erzeugtem Strom Wasserstoff herzustellen. Wasserstoff kommt also nur in Frage, wenn er aus erneuerbaren Energien hergestellt wird, die sonst „weggeschmissen" würden. Ein Beispiel sind die Windräder im Norden Deutschlands, die bei kräftigem Wind abgeschaltet werden müssen, weil gar nicht genug lokale Verbraucher zur Verfügung stehen und die Netzkapazitäten zur Weiterleitung in den Süden nicht ausreichen. Hier wäre es sinnvoll, lokal Wasserstoff zu erzeugen. Dieser kann auch zu einem Anteil von bis zu 10 % in das Erdgasnetz eingespeist werden. Es ist ebenso denkbar, aus Wasserstoff und CO_2 mit dem Sabatierverfahren Methangas (also Erdgas) zu erzeugen. Dieses kann in Deutschland in unterirdischen Speichern mit einer Kapazität von bis zu drei Monaten gespeichert und in das Gasnetz eingespeist werden. Das wird dazu führen, dass Erdgas zu einem wichtigen automobilen Treibstoff der Zukunft wird.

Wasserstoff wird in Druckbehältern bei 350 bar oder 700 bar gespeichert und kann z. B. in einem Verbrennungsmotor verbrannt werden oder in einer Brennstoffzelle Strom erzeugen und damit einen Elektromotor betreiben. Der Weg über die Verbrennung ist energetisch gesehen eine Katastrophe. Auch über die Brennstoffzelle ist der Umwandlungsweg recht lang und somit durch die Wandlungskette mit hohen Verlusten behaftet. Zudem hat die Brennstoffzelle eine hohe Platinbeladung. Dies macht Brennstoffzellenfahrzeuge derzeit einerseits hoch unwirtschaftlich, zum anderen ist Platin bei größeren Stückzahlen einfach nicht ausreichend vorhanden.

Die Infrastruktur wird häufig als Hinderungsgrund für die Einführung von Wasserstoff als Energieträger genannt. Dies wäre aber durch eine Investition im Bereich von wenigen Milliarden Euro in Deutschland umsetzbar.

1.6 Zweite Generation Biotreibstoffe

Hiervon spricht man, wenn Kraftstoff über synthetische Verfahren erzeugt wird. Dabei kann mehr von der eingesetzten Biomasse verwendet werden, so dass die Kraftstoffausbeute und damit auch die CO_2-Einsparung besser wird.

Mit dem Choren-Verfahren wird Biomasse vergast und mit der Fischer-Tropsch-Synthese in Kraftstoff umgewandelt. Hier muss aber davon ausgegangen werden, dass die Kosten sehr hoch sein werden und damit dieser Weg unwirtschaftlich wird.

Mit dem „Iogen"-Verfahren schließen Enzyme und spezielle Hefen den langkettigen Anteil des Zuckers auf. Damit können sogar für Alkohol bisher nicht nutzbare Teile der Pflanze ausgebeutet werden. Es kann jede Form von Biomasse, also auch Stroh oder sonstige Abfälle, verwendet werden. Die Transportwege dürfen allerdings maximal 50 km lang sein, weil sonst der Energieeinsatz für den Transport zu hoch wäre. Dieses Verfahren ist somit nur lokal anwendbar und verlangt durch diese Dezentralität hohe Investitionen. Abgesehen davon, steht das Verfahren zumindest in Anbauflächenkonkurrenz zu Nahrungsmitteln.

Um die Biokraftstoffe ist es in den letzten Jahren etwas ruhiger geworden. Zum einen bieten sie weltweit betrachtet nur ein Substitutionspotenzial von unter 10 % des heutigen Ölverbrauchs. Zum anderen stehen sie immer in Konkurrenz zu den Anbauflächen der Nahrungsmittel. Die Spekulationen im Jahr 2008 mit Mais zeigten, dass die Verwendung von Mais als Kraftstoff politisch bedenklich ist. Die nötigen Investitionen sind enorm hoch und dadurch die resultierenden Kosten für die Biokraftstoffe mit manchem Verfahren indiskutabel.

1.7 Raffinerien

Die Kapazität der heutigen Raffinerien ist weitgehend erschöpft. Eine Raffinerie ist eine sehr hohe und langfristige Investition. Diese wird ein Kapitalgeber nur tätigen, wenn er davon überzeugt ist, dass sie auch langfristig wirtschaftlich arbeitet. Sollten Investoren zu der Einschätzung gelangen, dass die Ölförderung nicht mehr bedeutend steigen wird, kommt es nicht zum Bau neuer Raffinerien. Damit ist gleichzeitig die Kapazität für die Verarbeitung von Rohöl gedeckelt.

1.8 Steigender Ölbedarf

Gleichzeitig zu der zurückgehenden Kraftstoffverfügbarkeit steigt der Ölbedarf stetig an. Der Verbrauch wächst seit Jahrzehnten etwa mit dem Wirtschaftswachstum. Das heißt im Umkehrschluss, dass ein weiteres Wirtschaftswachstum bei stagnierender Ölförderung nicht mehr möglich ist, ohne massiv die Effizienz der genutzten Ressourcen zu steigern. Es gibt lediglich ein Land auf der Welt, das es in den letzten Jahren geschafft hat, sich davon abzukoppeln: Deutschland!

Wenn man sieht, wie sich die Wachstumsländer entwickeln und auch in Zukunft weiter wachsen wollen, so steuern wir zielstrebig auf einen Crash zu.

Die Internationale Energie Agentur (IEA), die sich in der Vergangenheit immer recht optimistisch zur Rohölverfügbarkeit geäußert hat, warnte mehrfach im Jahr 2009 davor, dass die Nachfrage das Angebot bei Öl innerhalb der nächsten vier Jahre übersteigen werde. Viele sprechen vom „Peak Oil", also dem Maximum der Ölförderung, das angeblich 2020 erreicht werden könnte. Dieser Zeitpunkt ist nach meiner Einschätzung irrelevant. Es ist ausschließlich entscheidend, wann der Bedarf das Angebot der Fördermenge übersteigt. Das war möglicherweise schon 2008 der Fall, als die Ölpreise bis zu einem Niveau von 150 $/Barrel stiegen. Dies mag zwar auf Spekulationen zurückzuführen sein – man kann allerdings nur mit knappen Gütern spekulieren und nicht mit endlos verfügbaren Gütern wie Sand. Eine realistische Einschätzung der Fördermengen geben meiner Meinung nach die Bundesanstalt für Geowissenschaften in Hannover und Energy Watch ab. Die Internationale Energieagentur überschätzt die Fördermengen im Vergleich zu den anderen Einrichtungen. In Abb. 1.1 ist gezeigt, wie weit die Produktion und der Bedarf bei moderatem Wirtschaftswachstum auseinanderklaffen werden.

Wir sehen, dass schon in wenigen Jahren bei einem Verhalten wie bisher (Business as usual) der Bedarf das Angebot übersteigt.

Es stellt sich die Frage, wer in dieser Situation zuerst auf Öl verzichten kann. Als erstes werden sicherlich die stationären Verbraucher andere Energieträger nutzen. Wohnungsheizungen würden ab diesem Zeitpunkt sicher radikal auf Gas, Holz, Fernwärme oder Wärmepumpen umgestellt (nachdem die Häuser massiv wärmegedämmt wurden). Heutzutage werden in Deutschland übrigens kaum noch neue Ölheizungen installiert. Die petrochemische Industrie wird nicht auf Öl verzichten können, weil es einfach keine Alternative gibt. Der Flugverkehr hat keine Alternative zu Öl. Aber touristische Flugreisen könnten so teuer werden, dass die Nachfrage dafür zusammenbricht. Der Schwerlastverkehr hat ebenfalls kaum eine Alternative, außer der Verlagerung des Transportverkehrs auf die Schiene. LKW sind aber inzwischen sehr effizient. So braucht ein 40-t-LKW gerade einmal etwa 30 l/100 km und weitere Verbrauchssenkungen in der Größenordnung von 20–30 % halte ich für realistisch. Busse arbeiten ebenfalls sehr effizient. Der Verbrauch liegt je transportiertem Fahrgast bei unter 1 l/100 km. Diese Verbraucher können nicht auf Öl verzichten und werden letztendlich den höchsten Preis bezahlen.

Bleibt also neben den Heizungen eigentlich nur noch der PKW, bei dem Öl durch Gas oder Strom substituierbar wäre. Wenn letzteres nicht gelingt, wird sich die heutige Individualmobilität auf den Öffentlichen Personennah- und Fernverkehr verlagern und damit das Auto einen schleichenden Niedergang erfahren.

1.9 Alternativen zum Öl aus CO$_2$-Sicht

In Tab. 1.1 sind die Energieinhalte von Benzin, Diesel und Erdgas zusammengestellt. Man sieht, dass durch Einsatz von Erdgas die CO$_2$-Emissionen sofort um 25 % reduziert werden könnten. Das kommt daher, dass Erdgas anteilig weniger Kohlenstoffatome und dafür mehr Wasserstoffatome enthält als Benzin und Diesel, d. h. zu mehr Wasser und weniger CO$_2$ verbrennt. Betreibt man mit Erdgas ein modernes Kraftwerk, erzeugt Strom und speist daraus Elektrofahrzeuge sieht die Bilanz sogar noch besser aus.

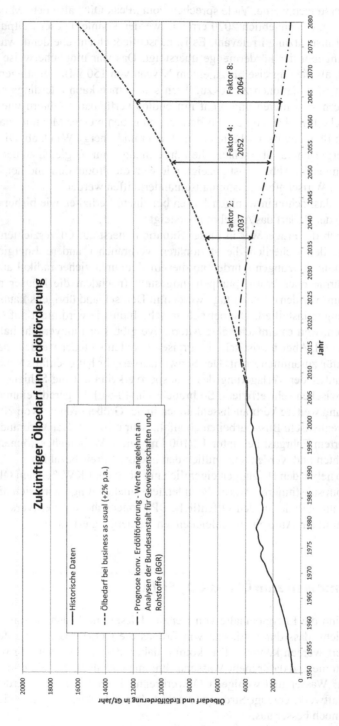

Abb. 1.1 Voraussichtliche Entwicklung der Ölförderung und Ölbedarf bei Wirtschaftswachstum

Tab. 1.1 Energieinhalt und CO_2-Ausstoß verschiedener Energieträger

Energieträger	Energiegehalt	CO_2	CO_2 (g/KWh)
Benzin	8,8 KWh/l	2330 g/l	265
Diesel	9,8 KWh/l	2640 g/l	269
Erdgas	13,8 KWh/kg	2790 g/kg	202

Biogene Treibstoffe unterscheiden sich je nach Herstellung stark in der CO_2-Bilanz. Man kann aber von CO_2-Einsparungen zwischen 10 % und 80 % ausgehen. Die Kohleverflüssigung ist aus CO_2-Sicht stark negativ und deshalb keine Option. Wasserstoff ist nur dann in der CO_2-Bilanz besser als Öl, wenn die zusätzlich für die Erzeugung von Wasserstoff benötigte Energie ausschließlich aus CO_2 freien Energien hergestellt wird. Dies war einmal die Grundlage der Vision, in der Wüste Solarkraftwerke zu betreiben und dort die Energie in Form von Wasserstoff zu speichern. Durch Projekte wie Desertec, wo Strom in Nordafrika erzeugt wird und über tausende Kilometer mit Hochspannungsgleichstromleitungen verlustarm Strom übertragen werden kann, ist diese Argumentationskette zerbrochen. Wird Wasserstoff aus dem deutschen Strom-Mix erzeugt, wäre Wasserstoff in der CO_2-Bilanz mit bis zu vierfachem CO_2-Ausstoß gegenüber ölbetriebenen Verbrennungsfahrzeugen eine Katastrophe.

Bei Elektrofahrzeugen hängt die CO_2-Bilanz sehr stark von der Stromerzeugung ab. Mit Kohlekraftwerken sind wir deutlich schlechter als mit ölbetriebenen Fahrzeugen, mit erneuerbaren Energien erheblich besser.

1.10 Zwischenfazit

Beim Ölangebot werden alternative Kraftstoffe keine bedeutende Rolle spielen. Ebenso können Ölsande nicht ausreichend zur Produktion beitragen. Die Förderung von Öl wird also in Summe nicht weiter steigen und die nächsten 10–20 Jahre auf etwa heutigem Niveau verharren. Der Bedarf wird aber weiter steigen, was zu einer Explosion der Preise führen wird.

Die Verbraucher, die substituieren können (wie Haushalte bei der Heizung), werden dies tun. Viele Verbraucher können dies nicht und müssen den Preis zahlen oder werden vom Markt verschwinden.

Öl wird im Langstreckenverkehr bei schweren Fahrzeugen weiterhin dominieren, weil es keine technische Alternative gibt. Busse und Flugzeuge müssen bei Öl bleiben und sind weiterhin bereit, den höchsten Preis für Öl zu zahlen. Erdgas wäre für mittelschwere PKW eine echte Alternative.

Bei CO_2 gibt es derzeit kaum eine Möglichkeit, im automobilen Bereich über geänderte Treibstoffe eine deutliche Senkung zu erreichen. Zumindest dann nicht, wenn man die derzeitigen Fahrzeuggrößen und Gewichte beibehält. Strom aus erneuerbaren Energien – sofern sie denn in ausreichender Menge zur Verfügung stehen – wäre für den Kurzstreckenbereich eine klare Alternative.

Als Konsequenz wird der kurzfristige Haupttreiber für den Ersatz von Öl die Ölknappheit selbst sein und nicht das CO_2. Das kann lediglich durch politische Vorgaben wie Steueranreize oder Restriktionen erzwungen werden.

In den folgenden Kapiteln werde ich darstellen, wie wir es im Bereich der Individualmobilität in Deutschland erreichen könnten, den Ölverbrauch um den Faktor 8 zu senken. Dies ist keine exakte mathematische Rechnung, soll aber demonstrieren, wie der Weg zu einer Öl-freien Mobilität aussehen könnte. Stellen Sie sich also im weiteren Verlauf des Buches vor, Sie persönlich hätten nur noch ein Achtel des heutigen Öls zur Verfügung. Wie würde sich dann Ihr Verhalten ändern?

Die Senkung um den Faktor 8 des Ölverbrauchs ist dann – zumindest langfristig in Verbindung mit einem hohen Anteil CO_2-freier Stromerzeugung – auch für die CO_2-Emissionen möglich.

Dazu beschreibe ich zunächst das Gesamtkonzept einer dafür erforderlichen Mobilität.

Wie eine Zukunft der Mobilität aussehen könnte

2

Hier soll im Wesentlichen gezeigt werden, wie sich die Mobilität in Deutschland entwickeln wird. Weltweit sieht das z. T. völlig anders aus. Ich werde als (Gegen-) Beispiel nur die Megacities betrachten, die immer zahlreicher werden und weiter wachsen.

2.1 Mobilität in Deutschland

Es wird nach meiner Einschätzung nicht möglich sein, eine massive Reduzierung des Ölverbrauchs im automobilen Bereich zu erzielen, wenn wir das heutige Mobilitätssystem, die heutigen Fahrzeuge und das heutige Kundenverhalten beibehalten. Ich möchte Sie deshalb in eine Welt entführen, bei dem der Kunde weiterhin eine gleichwertige Individualmobilität von A nach B genießen kann, ohne große Einschränkungen hinnehmen zu müssen. Dabei kann man grob zwischen drei Arten des Wohnens und damit auch der erforderlichen Mobilität unterscheiden.

Betrachten wir zuerst einen Haushalt in stadtnahen Gebieten (Speckgürtel) oder auf dem Land, der ein Haus mit einer Garage und einem Abstellplatz hat. Es kann sich um eine Familie handeln oder auch um ein kinderloses Ehepaar. Dieser Haushalt hat heute zwei Autos. Üblicherweise sind dies ein Kleinwagen „für die Stadt", mit dem sich einfach ein Parkplatz finden lässt, der sparsam und auch günstig ist, und ein „richtiges" Auto, vielleicht ein Minivan, den man für längere Strecken nutzt oder um die Kinder zu transportieren, größere Einkäufe zu tätigen oder in Urlaub zu fahren. Die Jahresfahrleistung der heutigen Autos in Deutschland beträgt nur etwa 13.000 km.

Dieser Haushalt wird weiterhin sein „richtiges" Auto behalten, könnte in Zukunft aber problemlos den Zweitwagen durch ein Elektrofahrzeug ersetzen. Dieses kann zwar nur – wie später gezeigt – Kurzstrecken fahren, aber das ist keine Einschränkung, weil der Fahrer ja meistens vorher weiß, ob er mit vier Personen und Gepäck in Skiurlaub fährt oder kurz in die Stadt zum Brötchen holen. Da über 80 % aller Strecken und ca. 50 % aller gefahrenen Kilometer Kurzstrecken (also Strecken

M. Lienkamp, *Elektromobilität*,
DOI 10.1007/978-3-642-28549-3_2, © Springer-Verlag Berlin Heidelberg 2012

unter 80 km) sind, kann somit dieser Teil komplett über ein Elektrostadtfahrzeug abgedeckt werden.

Bei steigenden Kraftstoffpreisen wird sich der Haushalt sehr genau überlegen, welche Langstrecken er überhaupt noch mit dem Auto fährt. Hier besteht die Möglichkeit, auf die Bahn oder auf Langstreckenbusse umzusteigen. Ebenso sind Fahrgemeinschaften eine Alternative. Bevor man im Auto allein unterwegs ist, ist sogar das Flugzeug energiesparender. So verbraucht ein vollbesetztes Flugzeug nur etwa 3 l Kerosin auf 100 km. Das unterbietet kein Fahrzeug, das nur mit einer Person besetzt ist.

Durch die dramatisch gestiegene Vernetzung der Informationen wird es in Zukunft auch kein Problem sein, diese Alternativen zum Auto aus Kundensicht zu finden. Dazu gibt man nur auf seinem iPhone das gewünschte Ziel ein und bekommt von verschiedenen Anbietern diverse Angebote für die gewünschte Mobilität. Der Anbieter kann entsprechend der Anfrage schnell sein Angebot an die Mobilitätsbedürfnisse anpassen.

Betrachten wir zweitens einen Haushalt in einer größeren Stadt. Die Haushaltsmitglieder wohnen in einer größeren Wohnung, haben einen Garagenplatz zur Verfügung, aber nur ein Auto. Dieses könnte ebenfalls ein Elektrofahrzeug sein. Die üblichen Kurzstrecken werden also wiederum dadurch abgedeckt. Die Langstrecken können gerade in der Stadt gut durch die Bahn oder durch Busangebote abgedeckt werden, weil der Weg zu den Mobilitätsknoten (Bahnhöfe, Flughafen, Busstationen) kurz ist. Ein Problem sind die Mittelstrecken bis 300 km. Hier sind häufig bei der Benutzung öffentlicher Verkehrsmittel die Umsteigezeiten zu lang. Für diese Strecken braucht der Kunde doch ein „richtiges" Auto. Dies kann entweder durch Mitfahrangebote erfüllt werden, oder der Kunde bekommt einfach ein entsprechendes Auto per Service vor die Tür gestellt und kann damit fahren. Dieses Auto könnte dann genau auf sein aktuelles Mobilitätsbedürfnis abgestimmt sein und damit deutlich weniger Kraftstoff verbrauchen, als das bei einem als „eierlegende Wollmilchsau" konzipierten Fahrzeug der Fall ist. Hier könnte z. B. das 1-Liter-Auto von Volkswagen, das nur für zwei Personen ausgelegt und besonders strömungsgünstig ist, eine Rolle spielen. Geländewagen können vielleicht wieder ihrer wahren Bedeutung näher kommen.

Die dritte Wohnvariante ist ein Singlehaushalt in einer größeren Stadt mit gut ausgebautem ÖPNV. Dieser hat möglicherweise gar keinen Parkplatz zur Verfügung. Viele dieser Haushalte haben schon heute das Auto abgeschafft. Hier wird der Kunde weitgehend den ÖPNV für die Kurzstrecke nutzen. Das ist bequemer und dank Laptop, Buch oder Zeitung kann man dort im Unterschied zum Auto die Zeit auch nutzen. Die Langstrecke wird eher mit Bahn und Flugzeug bewältigt. Auch hier sticht das Laptop-Argument. Ich verrate hier nicht zu viel, wenn ich sage, dass ein Forschungsleiter eines großen deutschen Automobilunternehmens liebend gern Bahn fährt (noch lieber als Flugzeug zu fliegen und erst recht als Auto zu fahren), weil er in diesen Stunden endlich einmal in Ruhe arbeiten kann.

Das, was jetzt noch an Mobilität fehlt, kann sich der Single wieder über das Netz besorgen: Mitfahrgemeinschaften könnten in mehrerer Hinsicht attraktiv sein. Mietwagenangebote oder individuell zusammengestellte Busfahrten tragen einen weiteren Teil bei. Und wenn alles nicht gefällt oder passt, lässt man sich per Service einen Mietwagen vor die Haustür stellen – wieder genau auf die gewünschte Strecke und den Transportzweck zugeschnitten.

Grob gesagt heißt das: Die Kurzstreckenmobilität bis ca. 100 km wird in Städten über ÖPNV und – wo das aus Zeitgründen nicht sinnvoll machbar ist oder auf dem Land – über Elektrofahrzeuge gewährleistet werden. Im Langstreckenbereich über ca. 300 km werden die Bahn, Überlandbusse und für Einzelreisende auch das Flugzeug den Verkehr in einer Welt der Ölknappheit dominieren. Bei den Mittelstrecken werden sowohl gezielte Busdienste als auch das konventionelle Auto seine Stärke ausspielen. Dabei könnten besonders mit Erdgas betriebene Ottomotoren eine größere Rolle spielen und über soziale Netzwerke organisierte Fahrgemeinschaften eine erhebliche Bedeutung gewinnen. In Summe bedeutet das keinen Verzicht, sondern lediglich ein kurzes Vorausplanen längerer Strecken mit Hilfe des iPhones.

2.2 Mobilität in Megacities

Weltweit leben immer mehr Menschen in Großstädten, die Millionenstädte werden dabei Megacities genannt. Diese können eine Ausdehnung von 50 und mehr Kilometern annehmen. In diesen leben viele Menschen anders, als wir es in Deutschland gewohnt sind: Häufig verlassen die Menschen nur selten die Stadt und leben jahrelang ausschließlich nur in der Megacity. Längere Distanzen werden nur geflogen oder in Zukunft eventuell mit Schnellzügen erreicht. In Megacities gibt es nur wenige erfolgreiche Konzepte, um Mobilität innerhalb der Städte zu gewährleisten. Essentiell ist ein gut ausgebauter ÖPNV. Besonders U-Bahnen haben eine hohe Bedeutung. Allerdings ist der Aufwand für deren Bau recht hoch. Manche Städte haben sich mit deutlich schneller und günstiger zu realisierenden Maßnahmen, wie den Bus-Rapid-Transit-Systemen (BRT), beholfen. Hier werden verkehrlich bevorzugte Buslinien eingerichtet, die durch Sonderspuren schneller durch den Verkehr kommen. Die Fahrkarten werden vor dem Einsteigen in den Bus in einer Station kontrolliert, so dass der Ein- und Aussteigevorgang extrem schnell erfolgen kann. Die Busse haben eine sehr hohe Taktung und die Anbindung der Busstationen ist über Zubringerbusse und Fahrradstationen einfach möglich. Diese BRT-Systeme kommen bei guter Ausgestaltung in die Nähe der Kapazität von U-Bahnen und sind zudem recht schnell änderbar.

Als nächstes muss der Autoverkehr eingedämmt werden, um überhaupt noch einen Verkehrsfluss zu ermöglichen. In Sao Paulo, Brasilien, ist es z. B. bei Regenfällen schon zu Staus von über 200 km Länge gekommen. In China waren bestimmte Strecken wegen Staus tagelang gesperrt. Eine Reduzierung des Verkehrs ist nur durch zwei Maßnahmen wirkungsvoll möglich: zum einen wird die Anzahl der zugelassenen Fahrzeuge beschränkt. Ein gutes Beispiel ist der Stadtstaat Singapur, wo jedes Jahr nur eine bestimmte Anzahl von Kennzeichen herausgegeben wird. Diese werden für 10 Jahre Nutzungszeit für Preise von bis zu 50.000 € versteigert, so dass sich nur noch Reiche ein Auto leisten können. Zum anderen wird mit einem Mautsystem der Verkehrsfluss gesteuert. Dies kann statisch erfolgen, indem für den nächsten Monat die verschiedenen Strecken mit einem Preis belegt werden, oder dynamisch, indem die Preise an die aktuelle Verkehrslage angepasst werden. Es gibt Strecken, bei denen der Preis so geregelt wird, dass immer eine Geschwindigkeit von 70 km/h erhalten bleibt. Sonderspuren für Taxis, Busse und Fahrzeuge, die mit einer Mindestanzahl an Personen besetzt sind, tragen ein Übriges zum Verkehrsfluss bei.

Zum Ausgleich bieten Städte wie Singapur ein breit gefächertes und kostengünstiges Taxinetz an. Taxifahren ist eigentlich schon billiger als der Besitz eines eigenen Autos. Im Stadtbild liegt der Taxianteil sicherlich bei 20 %.

Freie Fahrt für freie Bürger geht in Megacities einfach nicht mehr.

2.3   Neue Städte

Derzeit entstehen in Asien völlig neue Millionenstädte auf der grünen Wiese. Diese werden ein grundsätzlich neues Mobilitätskonzept bieten, in dem das Auto kaum noch eine Rolle spielt. Der Hauptverkehr wird über den ÖPNV abgedeckt, somit ist die Innenstadt komplett autofrei. Da außerhalb dieser Städte wenig Leben stattfindet und die Verbindung zwischen den Städten fast nur durch Flugzeug oder Zug gewährleistet wird, sind Autos in der heutigen Form nicht mehr erforderlich.

Faktor 2: Autos mit Verbrennungsmotoren halbieren den Kraftstoffverbrauch

3

Wenn wir den heutigen Fahrzeugbestand betrachten, gehe ich davon aus, dass schon jetzt technisch eine Halbierung des Verbrauches bei Fahrzeugen mit konventionellem Verbrennungsmotor möglich ist. Gleichzeitig muss man aber vor der Physik und Betriebswirtschaft kapitulieren, die es nicht erlauben, Langstreckenmobilität darzustellen, ohne Energiespeicher mit einer sehr hohen Energiedichte zu verwenden. In Abb. 3.1 ist die technische und wirtschaftliche Sinnhaftigkeit verschiedener Antriebsarten aufgetragen. Man sieht, dass für kleine Fahrzeuge mit geringer Reichweite und wenigen zu transportierenden Personen der Elektroantrieb in Frage kommt, für große schwere Fahrzeuge der Dieselmotor und im mittleren Bereich die Benzin- und Erdgasantriebe ihre Stärken haben. Die heute recht stark propagierten Hybridfahrzeuge (besonders der Plug-In-Hybrid – also ein Fahrzeug, das 25 bis 50 km elektrische Reichweite hat und dann mit dem Verbrennungsmotor weiterfährt) haben nur dann Vorteile, wenn ein Fahrer häufig wechselnd Kurz- und Langstrecke fährt und nur ein Auto zur Verfügung hat. Letztlich ist ein Hybrid durch zwei Antriebe schwerer und damit bei der Kurzstrecke schlechter als ein reines Elektrofahrzeug sowie bei der Langstrecke schlechter als ein reines Verbrennungsfahrzeug.

3.1 Fossile Kraftstoffe für Schwerlast- und Langstreckenmobilität

Im Schwerlastverkehr, also bei LKW und Bussen, die auf Langstrecke betrieben werden, ist der Betrieb mit einem elektrischen Energiespeicher (Akku) nicht darstellbar. Eine einfache Rechnung zeigt die Problematik: Ein großer LKW benötigt etwa 100 KW Dauerleistung, d. h. bei 10 h Betriebszeit wären ein Akku mit einem Gewicht von 10.000 kg (ca. 100 Wh/kg) und Kosten von 300.000 € (300 €/KWh) nur für den Akku erforderlich. Allein zum Laden bräuchte man etwa 10 h und drei Starkstromanschlüsse. Die einzig sinnvolle Lösung wäre hier ein Oberleitungsnetz mit Stromabnehmern, das auf den Autobahnen installiert werden müsste. Dies wäre

M. Lienkamp, *Elektromobilität*,
DOI 10.1007/978-3-642-28549-3_3, © Springer-Verlag Berlin Heidelberg 2012

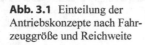

Abb. 3.1 Einteilung der Antriebskonzepte nach Fahrzeuggröße und Reichweite

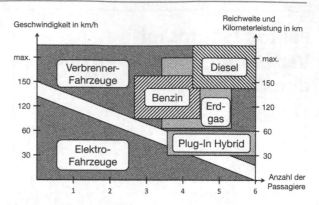

aber eine gewaltige Investition in die Infrastruktur – technisch sicherlich vorstellbar, volkswirtschaftlich möglicherweise auch sinnvoll.

3.2   Die Mär vom Zyklusverbrauch

Derzeit wird der Verbrauch von PKW im sog. Neuen Europäischen Fahrzyklus (NEFZ) ermittelt. Das ist ein Mischzyklus mit hohen Streckenanteilen bei niedriger Geschwindigkeit. Die höchste gefahrene Geschwindigkeit ist 120 km/h, die Beschleunigungen sind sehr gering. Dieses Fahrverhalten hat wenig mit der heute tatsächlichen Fahrweise zu tun. Sobald der Fahrer etwas stärker beschleunigt und bremst, hat er einen Mehrverbrauch. Gleiches gilt auf der Autobahn bei höheren Geschwindigkeiten. Der Verbrauch steigt nämlich etwa mit dem Quadrat der Geschwindigkeit an. Hybridfahrzeuge, z. B. Geländewagen, können so im Zyklus recht gut abschneiden, bei hohen Geschwindigkeiten aber zu richtigen Spritschluckern werden.

Des Weiteren werden bei Schaltgetrieben die Gänge vorgeschrieben. Das führt dazu, dass manche Automobilhersteller (Original Equipment Manufacturer OEM) die Gänge lang übersetzen. Der Fahrer merkt aber, dass das Auto nicht richtig zieht und schaltet einfach herunter. Dies führt unweigerlich zu Mehrverbrauch.

Gleiches passiert, weil im Zyklus sämtliche Verbraucher, wie Klimaanlage, Radio, Sitzheizung abgeschaltet werden. Besonders die Klimaanlage kann je nach Auslegung zu einem Mehrverbrauch von bis zu 2 l je 100 km führen. Die Überlegung, statt des heutigen Kältemittels R134a das Kältemittel CO_2 zu verwenden, hätte im Kundenbetrieb zu einer Verbrauchssenkung geführt, wurde aber im Wesentlichen aus Kostengründen von den OEMs abgelehnt. Es müsste unbedingt die Klimaanlage im Zyklus berücksichtigt werden. Ebenso beeinflusst jede Sonderausstattung den Verbrauch. Mehrgewichte, breitere Reifen etc. treiben den Verbrauch nach oben. Negativbeispiel ist ein neu vorgestellter Kleinwagen, der mit einem Zyklusverbrauch von unter 4,5 l/100 km glänzt, in realen Fahrtests im Kurzstreckenbetrieb jedoch das Doppelte verbraucht. Die Schlagzeilen der Presse fielen entsprechend kritisch aus.

Ein besonderer Trick zur Reduzierung des Zyklusverbrauchs sind die Plug-In-Hybride, bei denen ein Teil der Energie aus Akkus bezogen wird. Im Zyklus kann man so den Verbrauch fast beliebig nach unten drücken, weil die gespeicherte elektrische Energie mit Null CO_2-Emissionen angerechnet wird. Das ist aber aus Gesamtsicht so nicht richtig, s. Abschn. 4.10. Der Kundenverbrauch im realen Fahrbetrieb klafft gegenüber dem Zyklusverbrauch immer weiter auseinander.

Wahrscheinlich versuchen alle OEMs, mit legalem Vorgehen den Zyklusverbrauch, der auch bei Werbeanzeigen per Gesetz genannt werden muss, nach unten zu drücken. Um dies zu erreichen, kann man den Zyklus in den vorgegebenen Schranken möglichst geschickt fahren. Oft werden Autos aus „goldenen" Teilen zusammengebaut, d. h. man sucht den besten Motor, das beste Getriebe usw. zusammen. So ein Auto bekommt der Kunde draußen nie. Hier müsste man Fahrzeuge vom Hof des Händlers nehmen und vermessen, um eine ehrliche Aussage zu bekommen.

Der heutige Zyklusverbrauch passt auch nicht zu dem hier skizzierten Szenario, dass Verbrennungsfahrzeuge den Bereich der Mittelstrecken dominieren werden, auf denen eher Landstraßen und Autobahnen die Kilometerleistung bestimmen. In so einem Fahrzyklus würde der Rollwiderstand der Reifen und die Aerodynamik viel stärker in den Verbrauch eingehen als heute, wo fast nur motorische Maßnahmen die Reibung vermindern und damit den Zyklusverbrauch reduzieren. Heute werden z. B. auch hubraumschwache Motoren mit Turboladern aufgeladen und reduzieren im NEFZ den Verbrauch. Leider sind diese Motoren auf der Autobahn bei höheren Geschwindigkeiten echte Spritschlucker, weil sie dann in die Volllastanreicherung gehen, um eine höhere Leistung zu erzielen oder sogar eine innermotorische Kühlung brauchen, damit der Turbolader nicht zu heiß wird. Man schüttet also Kraftstoff in den Motor, der nicht mehr verbrennt, damit der Turbolader gekühlt wird. All das wird im heutigen Zyklusverbrauch nicht erfasst. Ein für den Stadtverkehr optimierter Motor ist im Gegenzug bei hohen Geschwindigkeiten relativ schlecht.

Ich plädiere hier für einen neuen Zyklus, der das Mittelstreckenfahrverhalten mit allen Nebenverbrauchern gut erfasst. Geprüft werden muss – leider – an Fahrzeugen vom Hof des Händlers durch ein neutrales Institut.

Ein guter Ansatz ist der derzeit diskutierte neue weltweit harmonisierte Fahrzyklus WLTC (worldwide harmonized light duty driving test cycle), in dem Schwächen des NEFZ behoben werden könnten. Bei Einführung des WLTC ist zu erwarten, dass die OEMs die derzeit gültigen CO_2-Vorgaben wieder neu verhandeln wollen.

3.3 Geschwindigkeitslimit auf Autobahnen

Eine der wirkungsvollsten Maßnahmen zur Verbrauchsreduzierung bei Fahrzeugen im Bestand ist das leidige Thema der Geschwindigkeitsbegrenzung. Jede Bundesregierung, die das durchsetzen wollte, ist kurze Zeit später abgewählt worden. Es scheint, als ob sich die Freiheit der Deutschen im Wesentlichen an dieser Frage entscheidet. Es gibt durchaus Argumente gegen ein Tempolimit. In den USA gibt es ein solches mit 88 km/h oder inzwischen auch schon etliche Strecken mit 104 km/h. Das hat dazu geführt, dass sich kaum ein Hersteller dort um die Aerodynamik kümmert. Es scheint, als hätten etliche Auto noch niemals einen Windkanal von innen gesehen. Im normalen Fahrbetrieb brauchen die Autos in den USA damit auch permanent mehr Kraftstoff. Weiterhin kann das eintönige langsame Fahren auch schnell zur Ermüdung und damit zu schweren Unfällen führen. Sicherheitssysteme wie ESP wurden aufgrund der hohen Geschwindigkeiten in Deutschland zuerst eingeführt.

Leider führt die derzeit unlimitierte Höchstgeschwindigkeit zwangsläufig zu Mehrverbrauch. Je leistungsstärker ein Motor ist, umso höher die Reibung, die Verluste und umso höher der Verbrauch auch im normalen Fahrbetrieb. Viele Autos werden für den stärksten Motor dimensioniert und sind damit prinzipiell schwerer.

Gesetzlich vorgeschrieben ist in Zukunft der Flottenverbrauch, der in einem Stadt- und Überlandzyklus ermittelt wird. Bei hohen Geschwindigkeiten gibt es weder eine Messung noch ein Limit. Ein hybridisierter Geländewagen kann also im gesetzlichen Zyklus durchaus mit 5 l/100 km glänzen, verbraucht dagegen bei flotter Fahrweise problemlos 15 l/100 km.

Deshalb lautet mein Vorschlag: nicht die Höchstgeschwindigkeit limitieren, sondern den maximalen Verbrauch bei hohen Geschwindigkeiten. Im stadtgeprägten NEFZ-Fahrzyklus soll demnächst im Flottenmittel ein Verbrauch von 120 g CO_2/km erreicht werden. Das entspricht bei Benzinfahrzeugen etwa 5 l/100 km. Für die Höchstgeschwindigkeit könnte ein Maximalverbrauch von 180 g CO_2/km (also ca. 8 l/100 km) ein fairer Kompromiss sein, um die Innovationsfreude der OEMs anzustacheln. Der Altbestand und neue Fahrzeuge, die das Limit überschreiten, könnten dann auf 130 km/h Höchstgeschwindigkeit limitiert werden. Fahrzeuge die schneller fahren dürfen, könnten z. B. ein andersartiges Kennzeichen bekommen.

Das wäre sicher ein schönes Kaufanreizprogramm für innovative Fahrzeuge und niemand müsste sich mehr über rasende Geländewagen aufregen. Profitieren würden aerodynamisch ausgefeilte Limousinen wie z. B. die Mercedes C-Klasse.

3.4   Dienstwagen und der persönliche Schmerzfaktor

Die Dienstwagenbesitzer in Deutschland haben folgende steuerliche Regelung: Als Fahrer eines Dienstwagens versteuert man 1 % des Neuwagenpreises und einen zusätzlichen Anteil von 0,03 % für die Entfernungskilometer vom Wohn- zum Arbeitsort. Bei durchschnittlich 30 km Entfernung sind das 1,1 %. Bei einem Neuwagenpreis von 40.000 € ergibt sich ein geldwerter Vorteil von 440 €, bei einem Spitzensteuersatz von 42 % also 185 €. Dafür kann man je nach Firmenregelung den Wagen im Werk oder auch an bestimmten Tankstellen in Deutschland frei tanken. Alle gefahrenen Kilometer, Wartung, Versicherung, Wertverlust etc. sind im Pauschalpreis enthalten. Es handelt sich also um eine Flatrate zum Autofahren. Wie wirkt sich dies aus?

Als langjähriger Dienstwagenfahrer habe ich selbst erlebt, wie man sich bei einer Flatrate verhält und natürlich auch die Verhaltensweisen im Kollegenkreis kennengelernt. Die Konsequenzen lassen sich einfach zusammenfassen: Nur die Größe des Kraftstofftanks ist der limitierende Faktor. Ansonsten will man so viel wie möglich „Gewinn" machen:

- Auf die Idee, sparsam zu fahren, kommt keiner. Es findet nur noch „digitales" Fahren statt; entweder Vollgas oder Vollbremsung. Höchstgeschwindigkeit macht Spaß, egal wie der Kraftstoffverbrauch in die Höhe schießt – bei Geländewagen sind 25 l/100 km bei Autobahnfahrten keine Seltenheit. Glauben Sie wirklich, dass einer der Geländewagenfahrer, der Sie auf der Autobahn überholt, den Sprit selbst bezahlt?

- Bei der Auswahl des Dienstwagens spielt der Kraftstoffverbrauch keine Rolle. Ich habe selbst vor 15 Jahren in Portugal erlebt, wie die Kollegen mit großer Begeisterung den Sharan 2,8 L Benziner Automatik mit Allradantrieb bestellt haben. Zuerst war das Tanken in ganz Portugal umsonst. Dann war nur noch das Tanken im Werk umsonst. Der Aktionsradius des Sharan mit dieser Motorisierung verringerte sich damit auf gut 200 km. Ich hatte zu Beginn schon einen Sharan mit kleinem Dieselmotor gewählt und konnte im Umkreis von fast 400 km umsonst fahren und somit fast ganz Portugal bereisen, während die Kollegen nach jedem Wochenende über die hohen Tankrechnungen stöhnten. Innerhalb kurzer Zeit fuhren alle ein Dieselfahrzeug.

- Es werden alle privaten Strecken mit dem Auto gefahren, weil das natürlich erheblich billiger ist, als sich ein Zugticket zu kaufen. Ein Münchener Kollege verkaufte neulich ein gebrauchtes Kinderschutzgitter per Ebay. Der Käufer war ein Kunde aus Nürnberg, der das Gitter in München abholen wollte. Auf die Frage, ob sich das denn finanziell überhaupt lohne, antwortete er, er habe ja einen Dienstwagen und würde mal eben vorbeikommen (300 km für die Hin- und Rückfahrt!!!)

Das ist zwar etwas überspitzt (es gibt auch viele vernünftige Dienstwagenfahrer), trifft aber dennoch den Kern des Problems. Dienstwagen sind keine Geschenke des Arbeitgebers, sondern ein essenzieller Bestandteil des Gehaltes. Wie kann man hier eine ökologisch verträgliche Lösung finden? Der einzige Weg ist, dass das Tanken des Dienstwagens – auch für dienstliche Strecken – selbst bezahlt werden muss. Zugtickets und Flüge wären hingegen vom Arbeitgeber zu tragen. Der Arbeitgeber kann das Gehalt dafür in einer beliebigen Höhe als Mobilitätspauschale aufstocken. Das klingt zunächst einmal abstrus, bei genauerem Hinsehen würde es aber eine erhebliche Lenkungswirkung haben.

Der Arbeitnehmer würde den Dienstwagen nur nutzen, wenn er ihn wirklich sinnvoll einsetzen kann. Ansonsten würde er lieber die Bahn oder bei längeren Strecken das Flugzeug benutzen. Selbstverständlich ändert sich die Fahrweise, wenn man den Kraftstoff selbst bezahlt. Die Auswahl eines neuen Dienstwagentyps würde maßgeblich vom Kraftstoffverbrauch gesteuert werden.

Damit könnte nach meiner Einschätzung der Kraftstoffverbrauch im Dienstwagensektor problemlos um 50 % reduziert werden.

Die Siemens AG hat übrigens vor einigen Jahren ihren Dienstwagenberechtigten eine Pauschale von 650 €/Monat angeboten, wenn sie auf einen Dienstwagen ganz verzichten. Es ging ein Aufschrei durch die Automobilindustrie. Ich habe damals schon nicht verstanden, warum kein OEM den Siemens-Mitarbeitern den Vorschlag gemacht hat, ihnen für 500 € Mobilität anzubieten. Das Mobilitätsbedürfnis ist ja weiterhin da und die Bevölkerung wird dafür auch Geld ausgeben.

3.5   Effizienzpotenziale von Verbrennungsfahrzeugen

Rein physikalisch benötigt ein Fahrzeug beim Betrieb eine gewisse Menge Energie. Das heute beste Fahrzeug, ein Polo Blue Motion Diesel hat im NEFZ mit 87 g CO_2/km, also 3,3 l/100 km einen sehr niedrigen Verbrauch. Dies ist auch schon fast die physikalische Grenze, die erreicht werden kann. Ganz grob kann man sagen, dass im NEFZ ein Auto pro transportierbarer Person 20 g CO_2/km benötigt. Für jede größere Fahrzeugklasse kommen noch einmal 20 g dazu. Ein konventioneller Allradantrieb benötigt 20 g extra. Ein Benzinmotor liegt etwa 20 g höher als ein Dieselmotor. Eine Start-Stopp-Automatik und eine Hybridisierung reduzieren den Verbrauch um etwa 20 g.

Beim Polo wären noch weitere Potenziale durch teuren Leichtbau mit Aluminium zu erschließen. Das hat man beim alten Audi A2 gemacht, wodurch das Fahrzeug aber unwirtschaftlich wurde. Verbräuche von deutlich unter 80 g CO_2/km halte ich bei viersitzigen Fahrzeugen aber sowohl technisch als auch betriebswirtschaftlich für unrealistisch.

Auch das sog. 1-l-Auto landet realistisch bei einem Verbrauch von 40 g CO_2/km, also bei knapp 2 l/100 km und ist nur für zwei Personen geeignet. Es hat zudem durch die niedrige Fahrzeughöhe einen schlechten Ein- und Ausstieg.

Bei heutigen Fahrzeugen wird man sukzessive folgende Maßnahmen – auch in dieser Reihenfolge – ergreifen:

* Die Motoren werden verkleinert. Da der Einzelzylinderhubraum aus Abgas- und Verbrauchsgründen nicht kleiner als 400 ccm sein sollte, muss die Anzahl der Zylinder reduziert werden. Wir werden also in Zukunft mehr 2- und 3-Zylindermotoren mit Ausgleichswellen zur Schwingungsreduzierung sehen. Der 4-Zylindermotor wird auch in der Oberklasse (dort mit Ausgleichswellen) den Standardmotor darstellen. Die meisten Motoren werden über eine Turboaufladung verfügen. Start-Stopp Systeme sind günstig und werden flächendeckend eingeführt. Ebenso werden Zylinderabschaltungen bei 4-Zylindermotoren Standard sein.
* Der Rollwiderstand der Reifen kann von heute 11/1000 auf unter 7/1000 reduziert werden. Dazu müssen die Reifen schmaler und größer werden. Zudem muss der sportliche Ehrgeiz der immer kürzeren Bremswege, den die Autozeitschriften geschürt haben, aufhören. Moderne Fahrerassistenzsysteme können die Bremswege viel besser reduzieren, indem sie den Fahrer rechtzeitig warnen, die Bremse schon vorspannen, die Bremskraft bei zögerlichen Antreten verstärken und

ggf. bei drohenden Unfällen selbstständig bremsen. Reifen mit niedrigem Rollwiderstand sind nicht entscheidend teurer, so dass diese Maßnahme sehr günstig und einfach umzusetzen ist.

- Die Verbesserung der Aerodynamik von Fahrzeugen ist eine sehr kostengünstige und wirkungsvolle Maßnahme. Dazu sind zwei Stellschrauben relevant: zum einen muss die Stirnfläche der Fahrzeuge klein sein. Dies wird zu schmaleren Fahrzeugen führen, bei denen die zweite Sitzreihe nur zwei und eine dritte Reihe weitere zwei Sitze hat. Der Wunsch der Designer und auch der Fahrdynamiker nach breiten Autos wird eingedämmt werden müssen. Die heutigen – gerade älteren – Kunden schätzen den hohen Einstieg bei Autos. Das ist nach meiner Einschätzung auch ein Hauptgrund für den Kauf von Geländewagen – man kann seine Rückenprobleme imagemäßig locker ins Gegenteil verkehren. Ein hohes Auto hat aber sowohl eine große Stirnfläche als auch – formbedingt – tendenziell einen schlechteren Luftwiderstandsbeiwert. Die zweite Stellschraube ist der Luftwiderstandsbeiwert, der über die Form des Autos bestimmt wird. Die Tropfenform hat dabei den niedrigsten Wert. Dieser Form kommt man am besten durch schmale und niedrige Autos nahe. Hier ist viel Feinschliff erforderlich. Realistische Werte für die Stirnfläche sind 2 m² und für den Luftwiderstandsbeiwert 0,25. Geländewagen liegen heute eher bei 3 m² und 0,33, also im Produkt das Doppelte sinnvoller Fahrzeuge im Mittelstreckenbereich. Die Aerodynamik geht bei höheren Geschwindigkeiten etwa zu 50 % in den Verbrauch ein. Die andere Hälfte trägt der Rollwiderstand bei, der zum einen über die Güte der Reifen und zum anderen über das Gewicht des Autos bestimmt wird.
- Die Nebenaggregate werden weiter elektrifiziert und nur nach Bedarf betrieben. Erstes Opfer war die hydraulische Lenkung, die schon jetzt fast vollständig den elektrischen Lenkungen gewichen ist. Wasserpumpen und Ölpumpen werden folgen. Lichtmaschinen können für wenige Euro deutlich effizienter werden und im Schubbetrieb die Bordnetzbatterie laden. Das Bordnetz kann noch weiter auf Stromverbrauch getrimmt werden; die konventionelle Beleuchtung müsste langfristig der LED-Technik weichen.
- Die Gewichtsreduzierung ist eine wirkungsvolle, aber auch teure Maßnahme. Heutzutage wird über hochfesten Stahl schon zu vertretbaren Kosten viel erreicht – leider aber durch immer neue Komfortwünsche sofort wieder aufgezehrt. Aluminium ist bei Verbrennungsmotoren eine Maßnahme, die sich nur in der Oberklasse rechnet. Letztlich hilft hier am meisten, die Autos einfach kleiner zu bauen – das spart sogar Kosten.
- Hybridisierung bringt bei leichten Fahrzeugen, die schon über ein sehr kostengünstiges Start-Stopp-System verfügen, wenig. Im NEFZ kann man den Kraftstoffverbrauch um etwa 7 % reduzieren, auf Langstrecken bringt die Hybridisierung gar nichts und ist sogar durch das höhere Gewicht kontraproduktiv. Größere Fahrzeuge werden eine Hybridisierung aus Hygienegründen brauchen – da bringt es auch tendenziell mehr als bei leichten Fahrzeugen.

Die EU-Gesetzgebung von 120 g CO_2/km im Flottenmittel für das Jahr 2013 bedeutet, dass im Schnitt nur noch ein Golf vertretbar ist. Das bedeutet, dass ebenso viele Polos in den Markt gebracht werden müssen wie Passats und erheblich mehr

Kleinstwagen, wie der Renault Clio oder der Fiat 500, als Geländewagen und Sportwagen. Mit der für 2020 avisierten Grenze von 95 g CO_2/km wird sich der Mittelwert der Fahrzeuge um den Polo herum bewegen müssen. Geländewagen und große Fahrzeuge sind dann rein technisch und wirtschaftlich kaum mehr darstellbar, wenn man nicht parallel dazu Fahrzeuge, die per definitionem 0 g CO_2/km ausstoßen würden, in den Markt bringt. Das können aber somit nur Fahrzeuge sein, die mit CO_2-freien Energien betrieben werden. Da man aber CO_2-freie Energie nicht an Bord erzeugen kann, muss diese gespeichert werden; und das ist nicht ohne Wasserstoff oder Akkumulatoren möglich.

Es war richtig, eine Gesetzesregelung einzuführen und es ist erstaunlich, was eine gesetzliche Regelung mit harten Strafen an Innovationen und Kräften freisetzen kann. Schon seit 2005 gab es eine freiwillige Selbstverpflichtung der deutschen Automobilindustrie, den Kraftstoffverbrauch deutlich zu senken. Geschehen ist im Ergebnis eigentlich nichts – abgesehen vielleicht von BMW, die diese Herausforderung ernst genommen haben. Alle Hersteller, besonders die Premiumhersteller, hatten beliebig viele Ausreden, die auch ernsthaft von den Lobbyisten vorgetragen wurden: die Autos seien größer geworden, die Kundenwünsche hätten sich geändert, die neuen Abgasnormen würden zu einem Mehrverbrauch führen, die Marke habe sich nach oben entwickelt, die erhöhten Sicherheitsstandards hätten das Gewicht und damit den Verbrauch erhöht usw.

Als dann das EU-Gesetz mit einem erlaubten Flottenverbrauch von 120 g CO_2/km kam, ging ein Aufschrei des Entsetzens durch die deutsche Automobilindustrie und der drohende Untergang besonders für die Premiumhersteller wurde heraufbeschworen. Ohne hier Interna zu verraten: damals ging auch ein Ruck durch den Volkswagenkonzern. Wir führten tagelange Diskussionen um die richtigen Maßnahmen und es wurde der massive – heute sichtbare – Einstieg in die aufgeladenen verkleinerten Ottomotoren mit Start-Stopp-Technologie und weiteren technischen Finessen beschlossen. Auf diese Weise werden die Autohersteller die gesetzlichen Vorgaben erfüllen.

3.6   Effizienzpotenziale im Schwerlastverkehr

Große Fahrzeuge lassen sich grob einteilen in Stadtbusse, Reisebusse, Kleinlaster mit 3,5 t – wie der Mercedes Sprinter – und Schwerlaster mit 40 t im Fernverkehr. Die größten Fahrleistungen und auch der höchste Kraftstoffverbrauch werden von den Schwerlastern im Fernverkehr verursacht. Die Betriebskosten solcher LKW machen rund ein Drittel der Gesamtkosten aus.

Stadtbusse könnte man mit entsprechender Infrastruktur, wie Oberleitungen, voll elektrifizieren – in naher Zukunft werden sich aber Hybridbusse mit einem Einsparpotenzial von 25 % durchsetzen, die sich bei Betrachtung der Lebensdauerkosten sehr schnell amortisieren. Dieselkraftstoff wird der vorherrschende Treibstoff bleiben. Reisebusse werden auf absehbare Zeit in der jetzigen Form erhalten bleiben. Hier kann ich mir noch wesentlich mehr Komfort für Geschäftsleute vorstellen sowie eine Erhöhung der Höchstgeschwindigkeit auf 120 km/h, sofern moderne Assistenzsysteme zur Unfallvermeidung eingesetzt werden.

Kleinlaster sind sehr flexibel und decken einen Großteil der individuellen Transportleitung ab. Sowohl aus Sicherheitsgründen als auch zur Energieeinsparung sollte bei diesen Verkehrsmitteln die Höchstgeschwindigkeit auf ein sinnvolles Maß (z. B. 130 km/h) begrenzt werden. Dadurch sind Einsparungen von 25 % realistisch.

Bei Schwerlastern sind bereits heute die Motoren und Getriebe auf hohe Effizienz getrimmt. Die größten Potenziale für diese Langstreckengiganten liegen in folgenden Maßnahmen:

- Das Transportvolumen kann durch Verlängerung der LKW erhöht werden. Der Verbrauch steigt dabei kaum an. Es gab vor einigen Jahren dazu Versuche mit sog. Gigalinern. Unglücklicherweise hat man damals sofort alles gewollt und gleichzeitig das zulässige Gesamtgewicht von 40 auf 60 t erhöht. Damit galten diese LKW als gefährlich und die Diskussion verlief gegen diese sinnvolle Maßnahme. Hier sollte man neu ansetzen und bei Beibehaltung der 40-t-Grenze eine Verlängerung der LKW zulassen. Die Verlängerung könnte an den Einsatz von Fahrerassistenzsystemen zur Erhöhung der Sicherheit geknüpft werden. Bei Sattelzügen, die heute schon einen hohen Anteil des Transportvolumens abdecken, ist die Verlängerung der Auflieger einfach zu realisieren. Da selbst mit dieser Verlängerung die Gesamtlänge geringer ist als bei einem LKW mit Anhänger, besteht kein Sicherheitsrisiko.
- Heute stoßen die meisten LKW wegen des Ladevolumens und nicht wegen der Zuladung an ihre Grenzen. So können leichtere LKW mit weiterhin großem Ladevolumen, aber geringerer Zuladung, die Effizienz verbessern.
- Die Aerodynamik muss entscheidend verbessert werden. Derzeit fahren eigentlich Scheunentore mit Luftwiderstandsbeiwerten von 0,5 durch die Gegend. Eine deutliche Verbesserung wäre durch eine stromlinienförmige Gestaltung zu erreichen. Dazu müsste man entweder das Transportvolumen reduzieren oder den LKW höher und länger machen.
- Der Rollwiderstand der Reifen kann noch weiter auf unter 5/1000 sinken. Auch hier wären gesetzliche Vorgaben zur Beschleunigung der Einführung förderlich.
- Selbst auf Langstrecken spielt das Leergewicht eine wichtige Rolle. Dies gilt sowohl für den Kraftstoffverbrauch als auch für die mögliche Zuladung (und damit den Verbrauch pro Tonnenkilometer). Leider berücksichtigen viele Spediteure nur die Zeit bis zum Verkauf des LKW nach drei Jahren und nicht die gesamte Laufzeit. Nach meiner Einschätzung dürften sich selbst teure Werkstoffe, wie kohlefaserverstärkte Kunststoffe (CFK), im LKW wirtschaftlich rechnen. Das günstigere Aluminium könnte ein Selbstläufer werden.
- Bei den Nebenaggregaten könnten Klimaanlagen mit Absorptionstechnik, die durch die Abgaswärme betrieben werden, eine Chance haben. Ebenso werden Dampfgeneratoren, die die Abgasenergie nutzen, Einzug halten.
- Einen großen Einfluss hat die Fahrweise auf den Kraftstoffverbrauch. Derzeit sind die Geschwindigkeitsbegrenzer auf 89 km/h eingestellt – obwohl nur 80 km/h erlaubt sind. Einige LKW fahren etwas langsamer und die Geschwin-

digkeitsbegrenzer haben Toleranzen. Diese kleinen Unterschiede der möglichen Höchstgeschwindigkeit führen immer wieder zu den verhassten Elefantenrennen. Hier wäre eine echte Höchstgeschwindigkeit von 80 km/h denkbar, verbunden mit einem kompletten Überholverbot. Auch ein Ausrollen kurz vor der Bergkuppe reduziert den Verbrauch. Etwas lästig für den nachfolgenden Verkehr ist der damit verbundene leichte Geschwindigkeitsabfall. Wenn das aber alle LKW machen würden, wäre es durchaus akzeptabel. Hier könnten die Spediteure die besonders sparsamen Fahrer durch finanzielle Anreize belohnen.

- Bei den Motoren und Getrieben sind die LKW seit Jahren schon technologisch sehr weit. Leider existiert noch immer kein realer Verbrauchszyklus. Die Motoren werden im synthetischen Prüfstandszyklus nur einer Abgasmessung unterzogen.

Bei Langstrecken-LKW kann eine leichte Hybridisierung sinnvoll sein. Durch Berg- und Talfahrten, Beschleunigen und Bremsen schlummert auch hier ein deutliches Einsparpotenzial.

Generell stelle ich den überbordenden Gütertransport in Frage. Müssen wir wirklich Milch durch halb Europa fahren und wegen weniger Cent Preisdifferenz Teile mehrfach durchs Land transportieren? Hier ist die LKW-Maut der richtige Ansatz, um die ökologisch sinnlosen Transporte einzudämmen. Eine Mauterhöhung könnte weitere Abhilfe schaffen.

Wenn alle Maßnahmen konsequent umgesetzt werden, ist sicher auch hier ein Einsparpotenzial von bis zu 50 % gegeben.

3.7   Diesel oder Benzin?

Der Schwerlastverkehr und schwere Fahrzeuge werden weiterhin Dieselkraftstoff benötigen und Spediteure werden bereit sein, den höchsten Preis dafür zu bezahlen. In den Raffinerien kann aber das Verhältnis zwischen Benzin und Dieselkraftstoff nur eingeschränkt verschoben werden. Der Dieselpreis wird weiter nach oben getrieben durch die Initiative der EU, den Energiegehalt und nicht die volumetrische Kraftstoffmenge (in Litern gemessen) zu besteuern. Derzeit wird Diesel auf den Energiegehalt bezogen deutlich niedriger besteuert als Benzin. Bei zurückgehender Ölförderung werden die PKW wieder eher auf Benzinantriebe zurückgehen.

3.8   Gas als Treibstoff

Erdgas hat im CO_2-Ausstoß durch anteilig weniger Kohlenstoffatome einen Vorteil von ca. 25 % gegenüber Diesel oder Benzin. Die Schadstoffemissionen sind sehr niedrig. Die Motorleistung ist bei heutigen Benzinturbomotoren identisch zum Benzinbetrieb. Die Angst bei nicht erreichbarer Tankstelle liegenzubleiben, kann durch einen Benzinreservetank beseitigt werden. Auch die Verfügbarkeit und Spei-

cherbarkeit in der Infrastruktur ist gut. Die Mehrkosten gegenüber einem Benzin-
fahrzeug sind etwa vergleichbar mit den Mehrkosten eines Dieselmotors. Mit einem
noch weiter ausgebauten Tankstellennetz sehe ich eine große Zukunft für Erdgasfahrzeuge. Hier wird man besonders mittelgroße Fahrzeuge für die Mittelstrecke
und Vielfahrerfahrzeuge umstellen.

Faktor 4: Elektromobilität für Kurzstrecken

4

Etwa die Hälfte der gefahrenen Kilometer ist im Kurzstreckenbereich angesiedelt. Gelingt es, die Strecken durch eine rohölfreie Alternative abzudecken, lässt sich die Hälfte des Kraftstoffes sparen. Wenn wir also die Hälfte des Rohölbedarfs über den Faktor 2 einsparen (s. Kap. 3), dann könnten wir über die Elektromobilität für Kurzstrecken den Faktor 4 sparen.

4.1 Definition: Elektrofahrzeuge

Heute werden gern alle Fahrzeuge, die über irgendeinen Elektromotor verfügen, als Elektrofahrzeuge bezeichnet. Im Folgenden möchte ich einen kleinen Exkurs in die verschiedenen Technologien geben:

- Beim Mikrohybrid, wie es BMW mit der Technologiebezeichnung „Efficient-Dynamics" vorgemacht hat, wird die Lichtmaschine etwas verstärkt und beim Bremsen stärker belastet. Dadurch wird die Batterie geladen. Bisher geschah dies kontinuierlich – also auch beim Beschleunigen des Fahrzeugs. Das allerdings bringt nur eine kleine Verbrauchsersparnis in einer Größenordnung von 1 %. Zugleich wird häufig auch der Anlasser verstärkt, so dass eine Start-Stopp-Funktionalität angeboten werden kann, bei der im Stand der Motor ausgeschaltet und beim Einlegen des Ganges (bzw. Treten der Kupplung) der Motor wieder angelassen wird. Diese Funktion spart im Zyklus schon etwa 5 % Kraftstoff. Beide Maßnahmen werden sicher demnächst in fast allen Fahrzeugen Einzug finden.
- Beim Mildhybrid, wie z. B. Honda Insight, wird eine Elektromaschine von etwa 10 KW (also 14 PS) installiert. Damit kann man in den üblichen Stadtzyklen, bei denen nur schwach gebremst wird, einen Großteil der Bremsenergie zurückgewinnen. Natürlich bleiben über die Wirkungsgradketten am Schluss nur ca. 50 % der Bewegungsenergie übrig. Das ist immer noch besser, als diese Energie über die Bremse einfach nur in Wärme umzusetzen. Der Mildhybrid lohnt sich erst bei mittelgroßen Fahrzeugen, weil bei Kleinfahrzeugen zum einen die Kosten, zum anderen das Mehrgewicht anteilig zu hoch sind. Die mögliche Kraftstoffspar-

M. Lienkamp, *Elektromobilität,*
DOI 10.1007/978-3-642-28549-3_4, © Springer-Verlag Berlin Heidelberg 2012

nis liegt gegenüber dem Mikrohybrid bei weiteren 7 %. Es stellt sich die Frage, ob der Mildhybrid mit einfachem Ottomotor für manche Autos und Regionen nicht sinnvoller ist als ein Dieselmotor mit sehr teurer Technik für Turbolader, Abgasnachbehandlung und Einspritztechnik. Die Kosten dürften sich in ähnlicher Größenordnung bewegen. Der Stolz der deutschen Automobilbauer auf ihre Dieseltechnik und das Nicht-Eingestehen-Wollen, dass die Japaner mit dem Hybrid durchaus einen richtigen Weg aufgezeigt haben, ist wahrscheinlich der Hauptgrund für die anfängliche Ablehnung in Deutschland, eher als rein technische oder betriebswirtschaftliche Überlegungen.

- Bei Vollhybridfahrzeugen – wie beim Vorreiter Toyota Prius – wird eine deutlich höhere elektrische Leistung in der Größenordnung von 50 KW (68 PS) installiert. Die Fahrzeuge müssen standardmäßig mit einem Automatikgetriebe ausgestattet sein. Der Vollhybrid kann noch etwas mehr Bremsenergie rekuperieren, was sich aber im Verbrauch kaum niederschlägt. Hauptvorteil ist, dass beim Beschleunigen der Elektromotor mithilft und so ein recht spritziges Fahrverhalten erreicht wird. Das Fahrzeug kann je nach Akkumulatorgröße wenige Kilometer (der Prius etwa 2 km) rein elektrisch fahren. Das macht zum einen das Elektroauto wirklich erlebbar, zum anderen ist es aber in verkehrsberuhigten Zonen oder Parkhäusern ein echter Gewinn.
- Der Plug-In-Hybrid (z. B. Opel Ampera) ist ein Vollhybrid mit vergrößertem Energiespeicher. Der Akkumulator ermöglicht elektrische Fahrstrecken von 25 bis 50 km. Danach wird über den Verbrennungsmotor gefahren. Nachteile der Plug-In-Hybride sind das etwa doppelte Gewicht und die doppelten Kosten für beide Antriebsformen. So wiegt ein Opel Ampera 1800 kg – exakt so viel wie ein kleines Elektrofahrzeug und ein kleiner Polo zusammen...
- Elektrofahrzeuge mit Range-Extender sind reine Elektrofahrzeuge, die über eine Reichweite von 50 bis 250 km verfügen und bei denen ein sehr kleiner abgekoppelter Verbrennungsmotor wie ein Notstromaggregat Strom erzeugt. Die Verbrennungsmotoren können entweder ein kleiner Wankelmotor sein – wie im Audi A1 etron vorgesehen – oder kleine Zweizylinder-Ottomotoren, die gut gekapselt und schwingungsisoliert das Liegenbleiben verhindern. Eine weitere Option wäre eine kleine Brennstoffzelle, die mit Wasserstoff betrieben wird.
- Reine Elektrofahrzeuge, wie der Nissan iMiev, Tesla Roadster, der norwegische Think oder der indische Revai, haben nur einen Elektroantrieb an Bord und ermöglichen Reichweiten von 100 bis 250 km. Hier besteht immer noch die Angst des Kunden vor möglichem Liegenbleiben. Deswegen tendieren viele Hersteller derzeit noch zu Elektrofahrzeugen mit Range-Extender, wobei die elektrische Reichweite und die Größe des Range-Extenders je nach Kundenfahrverhalten variiert werden müssen.

4.2   Batterie oder Brennstoffzelle

Elektrische Energie kann in zwei Formen chemisch gespeichert werden: in einem Akkumulator oder in Form von Wasserstoff. Akkumulator ist der technisch korrekte Begriff für das synonym gebrauchte Wort „Batterie". Aus dem Amerikanischen ist der Begriff „battery", der sowohl Batterie als auch Akkumulator bedeutet, leider in „Batterie" zurückübersetzt worden. Eine Batterie ist eigentlich nicht wieder aufladbar, ein Akkumulator hingegen schon.

Bei der Speicherung von Strom in einem Akkumulator gehen etwa 10 % beim Laden des Akkus verloren, 10 % beim Entladen und weitere 10 % bei der Umwandlung in mechanische Leistung im Elektromotor. Weitere 10 % Verlust kann man durch die Stromweiterleitung im Netz hinzurechnen. Grob gesagt können also 60 % der ursprünglichen elektrischen Energie genutzt werden.

Wird aus dem Strom Wasserstoff über Elektrolyse erzeugt, tritt dabei ein Verlust von etwa 40 % auf. Für den Transport und die Speicherung von Wasserstoff gehen weitere 10 % verloren. Die Brennstoffzelle im Fahrzeug hat einen Wirkungsgrad von maximal 50 % und der damit betriebene Elektromotor wieder einen Verlust von 10 %. Damit kann man nur 25 % der ursprünglichen Energie nutzen.

Die „Well to wheel" (von der Quelle zum Rad)-Bilanz von Wasserstoff ist also schlecht. Deswegen ist der Einsatz von Wasserstoff nur sinnvoll, wenn es einen Überschuss von erneuerbaren Energien gäbe, die sonst „weggeworfen" würden. Das passiert an sonnigen Sommertagen, an denen die Photovoltaik mehr Strom liefert als die Verbraucher benötigen, oder an windigen Tagen, wenn Windräder deshalb abgeschaltet werden müssen. Die überschüssige elektrische Energie kann man aber auch in Erdgas umwandeln, weiterleiten und speichern.

Aus energetischen Gründen wird sich voraussichtlich eher die Umwandlung von Strom in Erdgas durchsetzen. Auch kostenmäßig ist die Brennstoffzellentechnologie noch weit von einem wirtschaftlichen Serieneinsatz entfernt. Die Drucktanks zur Speicherung von Wasserstoff, müssen bei Drücken von 350 oder 700 bar sehr massiv ausgeführt sein und sind somit teuer. Die Brennstoffzelle selbst benötigt derzeit als Katalysator noch sehr viel Platin. Die Preise sind derzeit schon sehr hoch und würden explodieren, wenn wir mit der jetzigen Technologie die Brennstoffzelle in großer Stückzahl einführen würden.

Um die Brennstoffzelle zur Marktreife zu bringen, besteht eher ein betriebswirtschaftliches als ein technisches Problem. Da die Brennstoffzelle nach installierter Leistung Kosten verursacht, kann ich mir derzeit nur den Einsatz in einem Elektrofahrzeug als Range-Extender mit kleiner Leistung (ca. 15 KW) vorstellen.

4.3 Entwicklungspotenzial der Batterietechnologie

Es gibt verschiedene chemische Möglichkeiten, reversibel Energie zu speichern. Historisch gesehen machte der Bleiakkumulator den Anfang und ist bis heute noch als Starter- und Bordnetzakku im Einsatz. Er ist kostengünstig, hat ein gutes Tieftemperaturverhalten und kann kurzfristig sehr hohe Entladeströme abgeben. Leider ist die Energiedichte im Verhältnis zum Gewicht (spezifische Energiedichte) mit 30 Wh/kg sehr niedrig und somit das Gewicht für einen Antriebsakku viel zu hoch.

Nach dem Bleiakku kam der Nickel-Cadmium-Akku, der aber aufgrund der Giftigkeit des Schwermetalls Cadmium schnell wieder verboten und durch die Nickel-

Metallhydrid (NiMh)-Akkus abgelöst wurde. Diese haben mit ca. 80 Wh/kg eine höhere Energiedichte als Bleiakkus, sind aber immer noch zu schwer. Zudem haben die NiMh-Akkus den sog. Memory-Effekt. Wenn sie nicht komplett entladen werden, sinkt ihre Kapazität immer weiter ab.

Es gab zwischenzeitlich auch Natrium-Nickelchlorid-Akkus, die bei Temperaturen um 300 °C betrieben werden müssen. Diese Akkus wurden von der Firma Zebra hergestellt und von Daimler lange favorisiert. Sie sind kostengünstig, haben eine Energiedichte von 120 Wh/kg und sind robust. Nachteil ist allerdings, dass die Akkus immer auf 300 °C gehalten werden müssen, um funktionsfähig zu sein. Zudem ist das flüssige Natrium ein hohes Sicherheitsrisiko im Crashfall, so dass der automobile Einsatz heute nicht mehr betrachtet wird.

Die einzige sinnvolle und automobiltaugliche Technologie ist der Lithium-Ionen-Akku. Die Energiedichte in der Einzelzelle beträgt bis zu 220 Wh/kg. Im gesamten Akkupack oder Batteriesystem reduziert sich dieser Energieinhalt jedoch durch Verschaltung, Gehäuse, Batteriemanagementsystem und Kühlung auf maximal 180 Wh/kg. Um die Haltbarkeit zu erhöhen, beschränkt man den Ladungshub auch auf 80 %, so dass realistisch nur Energiedichten von maximal 140 Wh/kg erreichbar sind.

Durch die Grenzen der Chemie sind auch bei der Energiedichte keine Quantensprünge zu erwarten. Viel Entwicklungsarbeit wird in den nächsten Jahren darin investiert werden müssen, die Zellen und Packs automobiltauglich zu machen. Das heißt, dass die Sicherheit in allen Betriebsbedingungen, wie Vibration, Hitze, Kälte, Überladung und Missbrauch gewährleistet werden muss und das Batteriesystem auch einen Crash aushält. Die Hauptenergie wird in die Industrialisierung und damit den Aufbau von Fertigungskapazität bei gleichzeitiger Kostensenkung gehen. Skaleneffekte führen zu Preisen von ca. 300 €/KWh im Jahr 2015. Grob kann man rechnen, dass bei doppelter Stückzahl die Kosten um 10 % sinken und sich die Fertigproduktkosten langfristig bei dem doppelten Preis der Materialkosten einpendeln. Als Material ist natürlich Lithium erforderlich. Dieses ist auf der Erde reichlich vorhanden. Chile ist derzeit der größte Produzent, in Bolivien liegen die größten Reserven und Argentinien wird sich in Zukunft als Lithiumlieferant positionieren. Notfalls könnte es, zu Kosten von ca. 200 €/kg, aus Meerwasser gewonnen werden. Je Kilowattstunde Lithium-Ionen-Akku wären etwa 100 g Lithium erforderlich, so dass das Lithium mit 20 €/KWh nur weniger als 10 % der Kosten ausmachen würde. Bedenklicher sind hier Metalle wie Kupfer, Mangan, Titan oder Kobalt, die die Kosten in die Höhe treiben. Der größte Faktor dürfte aber die Fertigung sein, die mit hoher Präzision und Reinheit erfolgen muss, um Fertigungsfehler zu vermeiden und möglichst einheitliche Zellen herzustellen.

Das Rennen um die Technologie ist noch nicht entschieden. Die Zellchemie ist derzeit in großer Diskussion. In China favorisiert man die Lithium-Eisenphosphat-Zellen, die kostengünstig und von der Sicherheit her recht gut beherrschbar sind. Vor allem ist die Technologie in China etabliert. China hat sogar die Crashforderung aufgestellt, dass sich die Batteriepacks ohne Schaden erheblich zusammendrücken lassen müssen. Das favorisiert stark die Lithium-Eisenphosphat-Chemie. Der Nachteil ist eine eher geringe Energiedichte von nur 100 Wh/kg im Pack.

Amerika schaut auch eher auf die Kosten und die Sicherheit und nicht so sehr auf niedriges Gewicht. Hintergrund ist, dass in den USA der Plug-In-Hybrid gewünscht wird, so dass das Gewicht eine geringere Rolle spielt als beim reinen Elektrofahrzeug. Europa möchte lieber Zellen mit höherer Energiedichte haben und favorisiert andere Zellchemien auf Lithium-Ionen-Basis.

Auch der Wettbewerb um die Größe der Einzelzellen ist noch nicht entschieden. Hier gibt es derzeit den Ansatz von Tesla Motors, einer Firma in Kalifornien, die den Elektro-Sportwagen Tesla Roadster produziert, viele kleine Zellen des Laptopstandards (Größe 18650) zu einem Batteriesystem zusammenzuschalten. Der Vorteil ist, dass die Zellen in sehr hoher Stückzahl gut industrialisiert und damit die Kosten schon heute niedrig sind. Nachteilig ist, dass diese Zellen bisher nicht explizit für automobile Anwendungen ausgelegt wurden. Zudem ist der Verschaltungs-, Verdrahtungs- und Überwachungsaufwand mit bis zu 5000 Zellen hoch. Deshalb untersuchen viele Hersteller größere Zellen, die speziell für automobile Anwendungen zugeschnitten werden. Vorteile sind die möglicherweise höhere Sicherheit und längere Haltbarkeit. So fordern viele OEMs eine Lebensdauer von zehn Jahren.

Eigene Untersuchungen an der TU München haben gezeigt, dass die Consumer-Laptopzellen 18650 durchaus schon einen hohen Sicherheitsstandard aufweisen (so darf man heute einen Laptop mit ins Flugzeug nehmen, ganz abgesehen vom Handy mit Lithium-Ionen-Akku). Uns ist es bis dato noch nicht gelungen, eine speziell ausgewählte moderne Laptopzelle durch Überlast- und Missbrauchstests zu zerstören. Zudem ist der Energieinhalt einer kleinen Zelle viel besser beherrschbar als der einer großen Zelle. Mit kleinen Zellen gelingt es einfacher, das Durchschlagen eines Schadens auf die Nachbarzellen und somit die Kettenreaktion zu verhindern als mit großen Zellen. Ich stelle auch die geforderte Lebensdauer von zehn Jahren in Frage. Wenn wir kostengünstig eine Zelle fertigen, die nur fünf Jahre hält, so könnte das wirtschaftlich sinnvoller sein. In fünf Jahren ist die Technologie schon weiter entwickelt und die Kosten dafür sind gesunken. Der Kunde kann lieber in fünf Jahren ein zweites Batteriepack kaufen. Zudem kann man mit den kommerziell verfügbaren Zellgrößen die schon installierte Zellfertigung und das gesamte aufgebaute Know-how nutzen. Es sollte also ernsthaft überlegt werden, ob man wirklich eine komplett eigene Fertigungsroute für Automobilzellen aufziehen möchte.

International spielen nur zwei Firmen in der ersten Liga: Panasonic (die gerade Sanyo gekauft haben) in Japan und Samsung in Südkorea. In Deutschland gibt es einige Aktivitäten, eine Zellfertigung zu installieren. Samsung hat mit Bosch ein Joint Venture gegründet. Bei Litec haben sich Daimler und Evonic zusammengetan. Und Johnson Controls hat SAFT aufgekauft. BYD und andere chinesische Firmen werden derzeit hoch gehandelt. In China hat man sich auf die Lithium-Eisenphosphat-Zellchemie konzentriert, die aufgrund der geringen Energiedichte und des hohen Gewichtes voraussichtlich weltweit für Fahrzeuganwendungen nicht durchsetzen wird. Zudem ist die Qualität der chinesischen Akkus noch nicht auf internationalem Niveau. In China werden angeblich Fabriken für automobile Zellen gebaut, ohne zu wissen, welche Zellchemie man braucht und wer der Kunde sein wird. Man will einfach mit aller Macht vorn dabei sein.

Es werden derzeit auch weitere Zellchemien diskutiert, um die Energiedichte erhöhen zu können. Bei den heutigen Lithium-Ionen-Zellen versucht man die Zellspannung durch andere Materialien zu erhöhen. Bei höheren Spannungen funktionieren die eingesetzten Elektrolyten aber nicht mehr, so dass ein komplett neues Zellsystem entwickelt werden muss. Die Energiedichte lässt sich dadurch vielleicht noch einmal um ein Viertel steigern – viel mehr ist kaum realistisch.

Einen deutlichen Hub bis ca. zur doppelten Energiedichte verspricht die Lithium-Schwefel-Zellchemie. Diese Technologie ist erst im Forschungsstadium und wird sicher nicht in diesem Jahrzehnt marktreif sein, d. h. es ist noch gar nicht klar, ob sie überhaupt funktionieren wird.

Lithium-Luft-Zellen versprechen noch höhere Energiedichten bis zu einem Faktor 3–4 der heutigen Systeme. Diese Systeme sind technologisch noch nicht weit genug erforscht und deshalb voraussichtlich erst ab 2030 einsatzfähig, wenn nicht ein Quantensprung in der Forschung passiert – und dieser ist auch nicht einfach mit mehr Geld und Ressourcen zu erzwingen.

Schon bei dem Flottenversuch auf Rügen in den 1990er Jahren wurden Fahrzeuge mit Zink-Luft-Batterien betrieben. Diese bestehen aus Zinkplatten, die Kalilauge als Elektrolyten beinhalten und mit dem Sauerstoff aus der Umgebungsluft zu Zinkoxid reagieren. Die Energiedichte liegt bei etwa 350 kWh/kg und ist damit mehr als doppelt so hoch wie bei Lithium-Ionen-Akkus. Das Problem ist, dass Zink-Luft-Systeme „Batterien" sind. Sie sind nicht oder nur sehr schwer wieder aufladbar, eignen sich somit nur als „Liegenbleiber-Verhinderer"-Batterie, also quasi als elektrischer Range-Extender. Ein weiterer Nachteil ist die geringe Leistungsdichte. Aus einer 30 kg schweren Batterie bekommt man nur etwa 3 KW Leistung heraus. Man muss also die Batterie schon viel eher aktivieren, bevor der Hauptakku leer ist. Diese Batterie hat aber den Vorteil, dass sie komplett ungefährlich, sehr kostengünstig ist und im Crashbereich eingesetzt werden kann. Die Kosten für das Wiederverwerten können aber derzeit nicht abgeschätzt werden. Eine solche Batterie wird der Fahrer wegen der hohen Kosten der Wiederaufbereitung nur im äußersten Notfall einsetzen.

Aluminium-Luft-Systeme werden auch vereinzelt betrachtet, weisen aber ähnliche Einschränkungen auf wie solche aus Zink-Luft.

4.4 Technologiestand bei Elektromaschinen

Derzeit nutzen die meisten OEMs permanenterregte Synchronmaschinen. Diese haben ein sportliches Anfahrverhalten und eine hohe Leistungsdichte von etwa 1–1,5 KW/kg Dauerleistung. Die Spitzenleistung, die man für einige Minuten abrufen kann, bis die Maschine oder Leistungselektronik zu heiß wird, ist etwa doppelt so hoch wie die Dauerleistung. Dieser Maschinentyp benötigt allerdings Dauermagnete, die aus Seltenen Erden bestehen. Die Rohstoffe werden zu über 90 % in China gefördert. Lagerstätten gibt es auch in anderen Teilen der Welt, die aber aus Kostengründen noch nicht erschlossen wurden. China hat sich nun entschieden, mit seiner Monopolstellung „Kasse zu machen", und hat in den letzten Jahren die Preise enorm nach oben getrieben. Das geht soweit, dass China ernsthaft überlegt, keine Rohstoffe mehr, sondern nur noch die Fertigprodukte, also fertige Elektromotoren, zu exportieren.

Der chinesischen Monopolstellung kann man sich durch den Einsatz von Asynchronmaschinen entziehen. Diese erzeugen das Magnetfeld elektrisch über Kupferleiter und können im Wesentlichen aus Kupfer und Eisen aufgebaut werden. Sie sind etwas schwerer, was man durch höhere Drehzahlen wieder kompensieren kann.

Weitere Bauformen sind Reluktanzmaschinen oder Mischtypen, die aber bisher noch keine größere Bedeutung haben.

Man kann davon ausgehen, dass mit Fortschritten in der Leistungselektronik und dadurch, dass bisher bei Elektromaschinen im stationären Bereich das Gewicht eine untergeordnete Rolle spielte, im automobilen Bereich die Leistungsdichte deutlich zunehmen wird. Hier können in Zukunft Werte von 2–3 KW/kg Dauerleistung und die doppelte Peak-Leistung erwartet werden. Bei den Kosten muss man derzeit für die Elektromaschine inklusive Leistungselektronik mit etwa 100 €/KW Dauerleistung rechnen. Durch technologische Fortschritte und höhere Stückzahlen können mittelfristig die Kosten halbiert werden.

4.5   Wirtschaftliche Betrachtung von Elektromobilität

Ein „normales" Auto in der Golfklasse mit durchschnittlicher Fahrleistung von 12.000 km rechnet sich betriebswirtschaftlich (also für den Kunden) sowohl als Plug-In, Hybrid oder reines Elektrofahrzeug erst ab etwa 3 €/l Spritpreis. Dies wird durch die relativ teuren Akkus und die hohen Kosten für den Antrieb verursacht.

Volkswirtschaftlich gesehen ist es noch ungünstiger, weil sich die Wertschöpfung in der jetzigen Konstellation aus Deutschland heraus verlagert und die Steuern auf Kraftstoff erheblich höher sind als die auf Strom. Dafür würde man die Einfuhr von Rohöl vermeiden.

Die Anschaffung eines Elektrofahrzeuges ist nur in einer Gesamtkostenrechnung über die Laufzeit (Total Cost of Ownership: TCO) sinnvoll. Ein Elektrofahrzeug ist zwar teurer in der Anschaffung, aber günstiger im Betrieb. So braucht es keine Wartung des Motors, keinen Ölwechsel, es hat keine Kupplung und kein schaltbares Getriebe, die verschleißen könnten. Die Steuern und die Betriebskosten sind erheblich reduziert, weil elektrische Energie deutlich billiger angeboten wird als solche aus Benzin und Diesel (im Wesentlichen durch die unterschiedliche Besteuerung). Das könnte der Gesetzgeber bei höheren Stückzahlen von Elektrofahrzeugen jedoch ändern. Schwierig wird es, den Strompreis nur für Elektrofahrzeuge zu erhöhen, weil diese auch an normalen Steckdosen aufgetankt werden können und somit der Strompreis insgesamt steigen müsste.

Wir gehen einmal davon aus, dass der Kraftstoffpreis in den nächsten 10 Jahren nicht auf 3 €/l steigt. Das würde sonst bedeuten, dass bei gleichbleibenden Steuern der Rohölpreis auf fast 500 $/Barrel stiege, also sich der heutige Preis vervierfachte. Weiterhin nehmen wir an, dass das Elektrofahrzeug nicht langfristig von staatlicher Seite „zu Tode subventioniert" wird. Dann werden nur folgende Fahrzeuge als Elektrofahrzeuge sinnvoll:

- Sportwagen wie ein Tesla Roadster, bei denen der Kunde bereit ist, einen erheblichen Mehrpreis für das Image zu bezahlen. Die Lotus „Elise" ist halb so schwer, ein Drittel so teuer und macht zumindest in Kurven deutlich mehr Spaß als ein Tesla Roadster und stößt ganz sicher weniger CO_2 aus. Dennoch wurde über Tesla in allen Häusern die sportliche Begeisterung für Elektroautos geweckt und die Premiumhersteller haben zumindest als Studien „Teslakiller" vorgestellt.
- Ein wirtschaftlich sinnvoller Bereich für Elektrofahrzeuge ist der Kurzstreckenlieferverkehr; bestes Beispiel ist der Postbetrieb. Hier werden jeden Tag nur 60 bis 80 km gefahren und dies im extremen Stop and Go. Die Fahrzeuge verbrauchen selbst als Diesel gut 25 l auf 100 km und Motor und Getriebe haben einen so hohen Verschleiß, dass man sie nach 40.000 km austauschen muss. Hier werden sich der elektrische Renault Kangoo oder ähnliche Fahrzeuge in den nächsten Jahren positionieren. Ähnliche Anwendungen sind überall dort vorstellbar, wo große Strecken im massiven Kurzstreckenverkehr gefahren werden. Beispiele wären der Pflegebereich, Pizza-Bringdienste, Autos, die auf dem Werksgelände bewegt werden, Flughafenfahrzeuge oder städtische Fahrzeuge.
- Die massive Hybridisierung ist bei Stadtbussen sinnvoll. In diesem Bereich müssten gleich bei der Ausschreibung die Gesamtkosten über die gesamte Lebensdauer in die Entscheidung der Kommunen mit eingehen.
- Die nächste große Domäne werden die Zweit- und Drittfahrzeuge werden. Es gibt in dieser Klasse schon erste Konzepte mit dem Renault Twizzy, dem Think, Elektrosmart und Revai. An der TU München sind wir überzeugt von dem Marktvolumen und dem wirtschaftlichen Erfolg dieses Fahrzeugsegments der Zweitwagen. Es erschließt sich aber nur ein wirtschaftliches Gesamtkonzept, wenn man deutliche Einschränkungen gegenüber dem „richtigen" Auto vornimmt. Zur Reduktion der Kosten muss die Reichweite auf ein sinnvolles Maß von maximal 150 km eingeschränkt werden. Damit sinken die Akkumulatorkosten deutlich und das Gewicht bleibt im Rahmen. So kann auch die Antriebsleistung reduziert werden, was dann mit einer beschränkten Höchstgeschwindigkeit von maximal 130 km/h einhergeht.
  Die IAA 2011 mit dem einsitzigen Nils von VW, dem Audi Urban Concept als Zweisitzer und dem Rake von Opel als Zweisitzer zeigt, dass sich mehrere OEMs mit dieser Klasse ernsthaft beschäftigen. Beim Fahrzeugkonzept MUTE der TU München war das Interesse sowohl von der Presse, als auch von der Fachwelt und dem Publikum riesig.
- Fahrzeuge im Segment der Golfklasse lassen sich nur im massiven Kurzstreckenbetrieb wirtschaftlich sinnvoll darstellen. Möglich wäre dies z. B. im Taxibetrieb, wo pro Jahr oft mehr als 40.000 km gefahren werden. Car-Sharing-Dienste mit hoher Kilometerleistung im Stadtbetrieb wären ein weiterer Ansatzpunkt.

4.6   Elektromobilität für Kurzstrecken

Aus technischen und wirtschaftlichen Gründen ist die E-Mobilität nur für Strecken von 100 bis 150 km sinnvoll. Dies rührt daher, dass die Akkus sehr schwer sind und ein erhebliches Volumen einnehmen. Bei der Auslegung auf längere Strecken würde sich das Gewicht des Fahrzeugs überproportional erhöhen. Damit dreht sich die Gewichtsspirale immer weiter nach oben: Das Auto braucht einen größeren Antrieb, um die gleiche Beschleunigung beizubehalten, ein schwereres Fahrwerk, größere Bremsen und eine massivere Karosserie zur Aufnahme der vielen Teile. Damit wird das Fahrzeug energetisch gesehen sehr ineffizient. Für Verbrennungsmotoren trifft diese Gewichtsspirale prinzipiell auch zu, ist aber lange nicht so steil wie beim Elektrofahrzeug.

Wirtschaftlich gesehen ist ein großer Akku sehr teuer. Wenn nur selten die volle Reichweite genutzt wird, ist er eine zu hohe Investition.

Ein Ausweg aus diesem Dilemma können Akkuwechselkonzepte sein, wie sie von Better Place vorgeschlagen werden: Der Akku hat nur eine Reichweite von ca. 150 km und wird an Wechselstationen innerhalb weniger Minuten gegen vollgeladene Akkus ausgetauscht. Das ist prinzipiell richtig und kann auch funktionieren. Dafür muss allerdings eine teure Infrastruktur mit einem dichten Netz aufgebaut werden. Weiterhin müssten sich alle OEMs mit ihren Fahrzeugtypen auf ganz wenige Akkutypen einigen – das hat bisher noch nie geklappt. Zusätzlich hat ein wechselbarer Akku auch technische Nachteile: Er verursacht Mehrgewicht und erzwingt eine bestimmte Lage des Akkus im Fahrzeug. Die Lage im Fahrzeugboden mit einer Höhe von etwa 150 mm erhöht auch das Fahrzeug um genau diesen Betrag. Damit wächst die Stirnfläche; der Luftwiderstandsbeiwert und der gesamte Luftwiderstand steigen. Wechselkonzepte kann ich mir aber gut im Taxibetrieb vorstellen, wenn ein Einheitsfahrzeug (wie in New York oder London) vorgegeben wird.

4.7   Car-Sharing

Das Elektroauto wird also aus mehreren Gründen nur ein Kurzstreckenfahrzeug bleiben. Handelt es sich um einen Zweitwagen und besitzt der Haushalt noch ein „richtiges" Fahrzeug, so ist der Großteil der Mobilität schon abgedeckt. Nach meiner Einschätzung werden aber viele kleinere Haushalte auch allein mit einem Elektroauto zurechtkommen. Für die dann noch übrig bleibenden Fahrten würde ein heute schon in vielen Städten angebotenes Car-Sharing-Konzept völlig ausreichen. Der Kunde zahlt für die Mitgliedschaft eine geringe Gebühr von unter 10 € pro Monat und kann auf eine große Anzahl verschiedener Fahrzeugen (darunter tendenziell viele mit Verbrennungsmotoren) zugreifen. Je mehr sich Car-Sharing durchsetzt, umso dichter wird das Netz und umso einfacher die Benutzung. Auch Mietwagenfirmen könnten in dieses Geschäft massiv einsteigen. Eine fast schon extreme Variante ist das Car-to-Go-Konzept von Daimler. Dabei wurden zuerst in Ulm einige hundert Smarts in einer Stadt verteilt. Nach Voranmeldung kann man jeden Smart benutzen und auch wieder an vielen Parkplätzen in der Stadt abstellen. Dabei kommen Kosten für das Tanken und Umparken auf, weil natürlich die Autos nicht immer gut verteilt stehen.

Hier lauert nun eine der größten Bedrohungen für die gesamte Automobilindustrie: Ein geteiltes Auto ersetzt je nach Einsatz fünf bis zehn private Autos. Neben den zurückgehenden Verkaufszahlen von Neuwagen sinken auch die Margen, weil die Car-Sharing-Firma ihre Marktposition ausnutzen und damit den Preis der Fahrzeuge drücken kann – das ist ein Horrorszenario für jeden OEM.

4.8 Automatisches Fahren

Das automatische Fahren ist seit den Grand Challenges in den USA, als zuerst Autos automatisch gesteuert durch die Wüste und später dann in der Stadt fuhren, in aller Munde. Zuletzt hat die TU Braunschweig ein Fahrzeug automatisch im Stadtverkehr in Braunschweig fahren lassen und „Google" ebenso Fahrzeuge in den USA. Selbst wenn ich lange in diesem Bereich gearbeitet und geforscht habe, bin ich immer weniger davon überzeugt, dass dies der Weg ist, um in der nächsten Dekade Fahrzeuge fahrerlos zu bewegen. Die Situationen sind sehr komplex, keiner würde bei einem Unfall die Verantwortung übernehmen, die Systemsicherheit wäre gar nicht sauber nachweisbar und die Gesetzeslage des Wiener Weltabkommens spricht eindeutig dagegen und wird nicht kurzfristig geändert werden. Zudem basieren viele Landesgesetze auf diesem Abkommen und müssten ebenso angepasst werden.

Dennoch werden sich Fahrerassistenzsysteme, die die Sicherheit deutlich erhöhen, schnell durchsetzen. Der Fahrer bleibt dabei aber immer im Geschehen und in der Verantwortung.

Ein Weg, den wir an der TU München beschreiten, setzt weiterhin auf den Menschen, ermöglicht aber eine quasi automatische Fahrt: Dazu werden im unbemannten Fahrzeug mehrere Kameras installiert. Die Videobilder werden massiv komprimiert und mit der neuesten Mobilfunkgeneration Long Term Evolution (LTE) an ein Callcenter übertragen. Dort sitzen geschulte Taxifahrer, die nach diesen Videobildern das Auto fahren können. Die Steuerbefehle von Lenkung, Gas und Bremse werden dann wieder über das Handynetz an das Auto übertragen. Somit ist der Taxifahrer als Mensch weiterhin verantwortlich. Diese Technologie würde ausreichen, um im Stadtverkehr einen Mietwagen oder ein Car-Sharing-Fahrzeug direkt mit geringer Geschwindigkeit zum Kunden zu bringen. Bei einer wachsenden Dichte solcher Angebote kämen nur Strecken von wenigen Kilometern und wenigen Minuten Fahrzeit in Betracht. Der Kunde bekommt nach seiner Bestellung das Fahrzeug innerhalb kurzer Zeit vor die Tür gestellt. Er kann es anschließend an beliebiger Stelle abstellen und die lästige Parkplatzsuche entfällt, weil das Wegfahren des Fahrzeugs automatisch erfolgt.

4.9   Wertschöpfung von Elektromobilität

Bei Elektrofahrzeugen verschiebt sich die Wertschöpfung massiv. Die Kostenblöcke bei den Anschaffungskosten des Verbrennungsmotors und Getriebes werden ersetzt durch die Elektromaschine, die Leistungselektronik und den Akku. Die Fertigung der Zellen hat dabei einen sehr hohen Anteil, die Komplettierung des Akkupacks und das Batteriemanagementsystem können automatisiert und damit kostengünstig werden. Die OEMs werden wahrscheinlich die Komplettierung des Akkupacks selbst durchführen wollen, werden aber in vielen Fällen die Einzelzellen aus dem Ausland zukaufen müssen. Hier sollte Deutschland unbedingt einen Teil der Wertschöpfung ins Land holen und eine Zellfertigung aufbauen. Dafür kommen als deutsche Firmen derzeit nur Bosch-Samsung und Litech in Frage.

Bei der Karosserie ist heute die Stahl-Schalenbauweise dominant. Dafür sind große Saugerpressen erforderlich, die die Stahlbleche verarbeiten. In Zukunft müssen Elektrofahrzeuge sehr leicht sein. Dies wird wahrscheinlich zu einer Aluminiumbauweise führen. Auch hier sind wieder Blechteile erforderlich. Zusätzlich benötigt man aber Gussknoten, Strangpressprofile und als Verbindungstechnik auch Nieten.

Ein Vorteil ist der Wegfall des Ölimportes. Allerdings werden alle für die Stromerzeugung benötigten Rohstoffe, derzeit Kohle und Gas, leider auch importiert. Die Gas- und Kohlepreise werden sich aber nach meiner Einschätzung von den Ölpreisen stärker abkoppeln als dies derzeit der Fall ist. Weiterhin kann Gas aus Biomasse oder überschüssigen erneuerbaren Energien im Land erzeugt werden.

Strom aus Wind und Sonne hat den Vorteil eigener Wertschöpfung in Deutschland. Gerade Wind ist dabei auch zu halbwegs wettbewerbsfähigen Kosten (ca. 6 €ct/KWh) produzierbar. Strom aus Photovoltaik schafft bald die Netzparität von etwa 25 €ct/KWh.

4.10   CO$_2$-Bilanz der Elektroautos

Bei Ersatz des Öls durch Elektrizität, die in Akkus gespeichert wird und mit denen Elektroautos betrieben werden, muss man ganz stark unterscheiden, wie die elektrische Energie erzeugt wird.

Betrachtet man z. B. Strom aus Kohle ist die CO$_2$-Bilanz eines Elektroautos erheblich schlechter als die eines mit Benzin oder Diesel betriebenen Fahrzeugs. Hingegen ist sie bei einem Strom-Mix, wie er in Deutschland vorliegt, etwa gleich und in Frankreich, das 80 % der elektrischen Energie aus Kernkraftwerken erzeugt, erheblich besser. Erneuerbare Energien wie Solar- oder Windenergie sind natürlich auch vorteilhafter. Dies ist aber häufig eine zu einfache Rechnung, weil natürlich jeder die CO$_2$-freien Energien in seine Rechnung einbezieht. Leider liegt der Anteil der CO$_2$-freien Energien in Deutschland nur bei ca. 40 % (Kernkraft – ohne die Diskussion darüber hinaus zu führen – ist eben auch CO$_2$-frei…). Der demnach zusätzliche, durch die Elektrofahrzeuge verursachte Bedarf würde durch das Hochfahren der Mittellastkraftwerke gedeckt werden – und die sind in Deutschland derzeit

Kohlekraftwerke! Erst wenn die CO_2 freien Energien ausreichend zur Verfügung stehen und damit Kohlekraftwerke abgeschaltet werden können, wäre Elektromobilität unter dem CO_2-Aspekt in Deutschland im Vorteil. Eine Zwischenlösung ist der Ersatz von Kohlekraftwerken mit teils nur 35 % Wirkungsgrad durch moderne Gas- und Dampfturbinen-Kraftwerke mit über 60 % Wirkungsgrad. Zudem emittiert Gas deutlich weniger CO_2 als Kohle. Mit dem Einsatz von Gas begeben wir uns aber in Deutschland in eine politische Abhängigkeit von Russland, das seine Gasförderung nach Westeuropa verkauft und gleichzeitig selbst Kohle- und Atomstrom produziert.

Weiterhin spielt der Einsatz des Fahrzeugs eine erhebliche Rolle. Im Stadtverkehr bei normalen Temperaturen hat ein Elektroauto ungefähr eine Gesamteffizienz von 40 %. Der Verbrennungsmotor hat eine Effizienz von etwa 25 %. Auf der Autobahn, an einem kalten Tag, ist es genau umgekehrt: der Wirkungsgrad des Elektrofahrzeuges liegt eher bei 30 % und der des Verbrenners bei 40 %.

Bei Fahrzeugen, egal welcher Antriebsart, ist der Energiebedarf zunächst gleich hoch. Er beträgt für ein Fahrzeug der Golfklasse im NEFZ-Zyklus ungefähr 16 KWh/100 km. Ein Verbrennungsmotor hat im NEFZ etwa einen Wirkungsgrad von 25 %, ein Elektrofahrzeug knapp 40 % (das Kraftwerk hat einen Wirkungsgrad von 60 %, die Netzdurchleitung 90 %, das Laden 90 %, das Entladen auch wieder 90 % und die Elektromaschine auch 90 %). Im Langstreckenbereich liegt der Verbrenner bei bis zu 45 % Wirkungsgrad, das Elektrofahrzeug aber weiterhin bei 40 %, so dass das Elektrofahrzeug auf Langstrecken energetisch eigentlich keinen Sinn ergibt.

Man muss die Diskussion auch länderspezifisch führen. In Frankreich wird ein Großteil des Stroms über Kernenergie erzeugt und ist damit weitgehend CO_2-frei. Ebenso sieht es in den nordeuropäischen Ländern aus, wo viel Wasserkraft zur Stromerzeugung eingesetzt wird. Polen hingegen und China betreiben viele Kohlekraftwerke mit einer für Elektrofahrzeuge verheerenden CO_2-Bilanz. Hier ist offensichtlich die Motivation, in Elektroautos zu investieren, nur die Versorgungssicherheit und nicht der Wunsch nach CO_2-Reduktion. China verfügt nämlich über große Kohlevorräte im eigenen Land.

Betrachtet man die politische Deckelung von CO_2, so ist das Elektrofahrzeug eigentlich sogar CO_2-frei. Benzin und Diesel sind nicht in der CO_2-Deckelung enthalten, elektrischer Strom jedoch schon. Ersetzt ein Elektrofahrzeug den Kraftstoffverbrauch durch Stromverbrauch, ist per definitionem die CO_2-Emission des Kraftstoffs nicht mehr vorhanden und die des Stroms durch die Deckelung gleich null. Hier kann man argumentieren, dass man ohne Elektrofahrzeuge die Deckelung noch weiter absenken könnte. Alle Sichtweisen sind also gleichzeitig falsch und auch richtig.

4.11 Wie ein Elektroauto aussehen sollte

An der TU München wird ein Elektrofahrzeugkonzept entwickelt, das zeigt, wie der Einstieg wirtschaftlich sinnvoll für Deutschland erfolgen kann. Damit kann nach meiner Einschätzung das von der Bundesregierung gesetzte Ziel von einer Million

Elektroautos bis zum Jahr 2020 erreicht werden. Die Vollkosten dieses Fahrzeugs liegen bei denen eines heutigen Kleinstwagens, z. B. dem Smart. Für unter 350 € pro Monat ist unser Fahrzeug MUTE darstellbar und bietet ausreichenden Nutzwert:

- Das Auto ist für die Kurzstrecke ausgelegt und hat eine Mindestreichweite von 100 km.
- Es können zwei Personen und ausreichend Gepäck (Kofferraumgröße größer als beim Golf) untergebracht werden.
- Den Antrieb übernimmt eine kostengünstige Asynchronmaschine ohne Seltene Erden mit einem Getriebe.
- Der Akku ist aus Lithium-Ionen-Laptopzellen aufgebaut. Diese sind schon kommerzialisiert, kostengünstig und sicher.
- Um die Reichweitenangst zu beheben, wird eine Zinkluftbatterie eingebaut. Diese muss zwar nach Benutzung ausgetauscht werden, spart aber Kosten und Gewicht.
- Zum Heizen wird ein fossiler Zuheizer eingebaut. Das ist energetisch sinnvoll, weil man mit einem sehr hohen Wirkungsgrad von über 90 % heizen kann. Heizt man mit dem Strom des Akkus, bricht die Reichweite massiv ein.
- Aufgrund der Gewichtsverteilung hat das Fahrzeug einen Heckantrieb und nur eine Elektromaschine wegen der geringeren Kosten und des Gewichts.
- Ein Großteil des Fahrzeugs wird aus Aluminium gefertigt. Dies ist ein guter Kompromiss zwischen Kosten, Gewicht und CO_2-Emissionen durch die Werkstoffgewinnung.
- Da das Fahrzeug durchaus die Mobilität einschränkt, bietet es durch Vernetzung zu anderen Verkehrsträgern eine Anschlussmobilität.

Weitere Informationen sind unter www.mute-automobile.de erhältlich.

4.12   Faktoren, die die Einführung von Elektromobilität erleichtern

Zurzeit wird viel darüber diskutiert, wie wir es in Deutschland schaffen könnten, Leitanbieter und auch Leitmarkt für Elektromobilität zu werden. In der Diskussion sind immer wieder Kaufprämien, wie sie z. B. in den USA, China oder Frankreich ausgelobt werden. Ich warne davor, weil dies zu einer Marktverzerrung führt und – wie man bei Solarzellen sieht – die eigene Wettbewerbsfähigkeit verschlechtern kann. Außerdem müsste der Staat dafür Unsummen an Steuergeldern aufwenden. Ich empfehle andere Maßnahmen, die natürlich auch teilweise darauf abzielen, das Elektrofahrzeug zu Lasten des Verbrennungsfahrzeuges besser zu stellen.

Auf jeden Fall sollten zuerst die Typen von Elektrofahrzeugen von den OEMs und Kunden bevorzugt werden, die wirtschaftlich schon jetzt sinnvoll sind (s. Abschn. 4.5). Die Fertigung des Akkupacks wird bereits von den meisten OEMs und großen Zulieferern geplant; ein Großteil der Wertschöpfung liegt allerdings in den Zellen. Um die wirklichen Kosten besser einschätzen zu können und auch die

Wertschöpfung ins Land zu holen, ist dringend der Aufbau einer Zellfertigung in Deutschland erforderlich. Dazu muss zunächst Konsens darüber erreicht werden, was die richtige Zellgröße ist. Ich bin der Meinung, dass kleine Zellen in Laptopgröße mehr Vorteile bieten als große sog. automotive Zellen.

Eine Monopolstellung für Elektroautos kann die Einführung beschleunigen. Diese kann erfolgen durch Fahrverbote für herkömmliche Autos in bestimmten Innenstadtbereichen, Fahrprioritäten durch die Erlaubnis, Busspuren zu benutzen oder Car Pool Lanes (auf denen man nur mit mindestens drei Passagieren fahren darf), auf denen die Hybridfahrzeuge auch mit nur einer Person fahren dürfen.

Man könnte auch eine Zwangskopplung von Elektroautos mit dem Verkauf von Luxuswagen herbeiführen, wie das früher mit dem Käfer geschehen ist, der beim Kauf eines Porsches in den USA als Geschenk dazu gegeben wurde und so den Käfer in den USA populär gemacht hat. Derzeit muss nur das vorgegebene Verbrauchsziel in der Flotte erfüllt werden. Der Gesetzgeber könnte ab einer gewissen Grenze (z. B. 150 g CO_2/km im Zyklus) auch fordern, dass der Kunde ein weiteres Fahrzeug dazu kaufen muss, so dass in Summe die 120-g-Grenze unterschritten wird. Elektroautos werden per definitionem als 0-g-Autos gerechnet. Dann wäre mit einem Luxuswagen sofort der Kauf eines Elektroautos zwingend.

In Frankreich ist bei Neubauten ein Stromanschluss für Elektroautos Pflicht. Das vermindert die Schwelle, ein Elektrofahrzeug anzuschaffen, weil zum einen schon die Investition getätigt ist und zum anderen dadurch recht schnell ein flächendeckendes Ladenetz aufgebaut wird.

Die Erhöhung der Mineralölsteuer beschleunigt einfach das Eintreten der unausweichlichen Zukunft. Ich bin davon überzeugt, dass die sehr hohe Mineralölsteuer in Deutschland im Vergleich zu den USA dazu beigetragen hat, dass unsere Automobilindustrie so wettbewerbsfähig ist. Leider tut sich jede Bundesregierung damit schwer. So ein Vorgehen müsste jedoch europaweit abgestimmt sein, um einen Tanktourismus, besonders bei den LKW, zu vermeiden. Dennoch sollte diese Maßnahme in Betracht gezogen werden – aber bitte für alle Nutzer von Rohölprodukten, also auch für den Flugverkehr und das Heizöl!

Man könnte auch einen gesetzlichen Zwang herbeiführen, beim Autoverkauf die Gesamtkosten (Total Cost of Ownership: TCO) auf dem Verkaufsschild mit auszuweisen: z. B. für verschiedene Fahrprofile wie Kurzstrecke, Normalfahrer, Langstrecke. Da Elektroautos sehr niedrige Unterhaltskosten haben, sind sie beim Preisschild im Nachteil, bei den Gesamtkosten aber durchaus im Vorteil.

Alle politischen Appelle (eine Mio. E-Autos bis 2020) werden von der Automobilindustrie ignoriert werden, sofern es keine gesetzlichen Regelungen gibt. Das ist schon bei den Abgasnormen, beim Flottenverbrauch, beim Katalysator und beim Dieselpartikelfilter passiert. Verständlicherweise will kein OEM einen Wettbewerbsnachteil hinnehmen. Den OEMs ist es sogar lieber, wenn es eine saubere gesetzliche Regelung gibt. Das sieht man auch bei Sicherheitsvorgaben, wie der Einführung von ESP. Hier müssen allerdings immer die technische Lösung offengelassen und langfristig klare Rahmenbedingungen vorgegeben werden. Ein hektisches Erzwingen der Technologie des Dieselpartikelfilters, ausgelöst durch eine

Peugeot-Werbung, in der ein sauberes Taschentuch an den Auspuff gehalten wurde, hat die Automobilindustrie damals Milliarden gekostet.

Ein weiterer, stark angepriesener Ansatz ist die Einbindung von Elektrofahrzeugen ins Stromnetz. Dadurch können Stromspitzen, die durch erneuerbare Energien (bei viel Sonne oder Wind) hervorgerufen werden, gepuffert werden und bei Flaute oder Wolken könnten die Autos Strom ins Netz zurückspeisen. Damit könnte auch noch Geld verdient werden, so dass sich das Elektroauto von allein rechnet. Das klingt alles theoretisch gut, hat aber schon gewisse Einschränkungen.

Der Kunde möchte natürlich nicht, wenn er Autofahren will, einen leeren Akku vorfinden, weil gerade die Sonne nicht scheint. Zudem schädigt das Be- und Entladen den Akku, wofür der Autobesitzer einen finanziellen Ausgleich erwarten wird. Deswegen wird es in der Anfangsphase, nach meiner Einschätzung, erst einmal zu einem gesteuerten Laden kommen. Wenn der Fahrer am nächsten Morgen einen vollen Akku benötigt, ist es ihm wahrscheinlich egal, wann das Auto geladen wird. Er hängt das Auto an die Steckdose und das Auto lädt, wenn der Strom am günstigsten ist. Teilweise haben wir in Deutschland heute schon zu bestimmten Zeiten einen Stromüberschuss, in denen der Strompreis sogar negativ wird. Dieses Zeitfenster müsste das Energieunternehmen einfach dem Kunden mitteilen. Technisch ist das heute schon kein Problem. Der nächste Schritt wird sein, dass die Elektroautos eine Art Schattenkraftwerk bilden, das nur sehr kurzfristig, zur Netzstabilisierung, den Akku ein wenig entlädt. So wird die Reichweite nicht vermindert. Der Netzbetreiber kann sich Leerlastkapazität sparen und der Kunde bekommt dafür Geld, dass er sein Auto an der Steckdose angeschlossen lässt. Die Schädigung des Akkus ist dabei zu vernachlässigen. Der letzte Schritt wird sein, dass der Akku wirklich zykliert wird. Es muss klar sein, wie stark der Akku geschädigt wird, und wann der Fahrer wieder ein vollgeladenes Auto benötigt.

Gerade mit dem Ausstieg aus der Kernenergie und dem Anstieg der erneuerbaren Energien aus Wind und Sonne wird das Stromangebot stark fluktuieren. Deshalb ist es nötig, das Netz stärker gegen kurzfristige Schwankungen zu stabilisieren, indem sehr teure Kurzfristspeicher gebaut werden. Die Akkus der Elektrofahrzeuge könnten einen guten Beitrag leisten, den Energieumstieg kostengünstiger zu gestalten.

Es gibt immer wieder die Aussage, dass Energiepreise negativ werden. Dies kann nur bei einem intransparenten Markt passieren. Sind die Preise allen bekannt, würden sofort bei gegen null gehenden Energiepreisen bestimmte Nutzer den Stromverbrauch erhöhen. Dies könnten Kühlhäuser sein, Aluminiumverarbeiter, die ihr Werk zyklisch fahren oder private Haushalte, die dann Elektrolüfter kaufen würden. So würden die Preise bei Markttransparenz nie negativ werden.

Faktor 8: Von der Individualmobilität zur kollektiven individuellen Mobilität

5

Nachdem wir die Kurzstrecke zum Großteil über Elektromobilität abdecken können, bleibt die Frage, wie wir auf der Mittelstrecke und Langstrecke eine erhebliche Reduzierung des Ölverbrauchs erreichen können. Auf technischem Wege ist der Verbrauch bei Verbrennungsmotoren realistisch nur um den Faktor 2 reduzierbar. Deshalb muss die Diskussion von dem Grundprinzip geleitet sein, mehr Personen gemeinsam in diesen optimierten Fahrzeugen zu transportieren. Heutzutage sieht man auch auf der Autobahn etliche Fahrzeuge, die nur mit einer Person besetzt sind. Machen Sie selbst einmal den Versuch und zählen die Autos, die mit mehr als einer Person besetzt sind – da muss man schon suchen…

Es gibt natürlich viele Vorbehalte gegenüber Fahrgemeinschaften, Fahren per Anhalter und Bus. Wenn wir aber davon ausgehen, dass ohne diese Maßnahmen mit geringerem Ölangebot sonst gar keine Mobilität mehr möglich ist, findet hoffentlich schnell ein Umdenken statt. Hinzu kommt, dass heutzutage über soziale Netzwerke und einen intensiven Datenaustausch die technischen Möglichkeiten erheblich weiter entwickelt sind als noch vor einigen Jahren.

Um nun den Faktor 8 zu erreichen, müssen wir, anstatt im Schnitt mit 1,3 Personen in einem Auto zu fahren, wenigstens die doppelte Anzahl an Personen gemeinsam transportieren. Dafür gibt es im Kurz-, Mittel- und Langstreckenbereich unterschiedliche Ansätze.

5.1 Bedeutung von ÖPNV/Bus Rapid Transit

Im Kurzstreckenbereich steht an erster Stelle die einfachste Form der Fahrgemeinschaft, nämlich die staatlich organisierte Form des öffentlichen Personennahverkehrs (ÖPNV). Hier liegt gerade in den größeren Städten das größte Einsparpotenzial, wenn man den Netzeffekt erzielen kann: Erst wenn ausreichend attraktive Verbindungen angeboten werden und deshalb genügend Leute darauf umsteigen, funktioniert das System. Dazu ist nicht einmal ein sehr investitionsintensives Bahn-

M. Lienkamp, *Elektromobilität*,
DOI 10.1007/978-3-642-28549-3_5, © Springer-Verlag Berlin Heidelberg 2012

system erforderlich. Gerade über Busse, die Sonderspuren benutzen können, lässt sich sehr schnell ein geeignetes Nahverkehrssystem installieren. Großstädte (speziell Megacities) wären sonst gar nicht mehr verkehrstechnisch beherrschbar. Dort werden in Zukunft U-Bahnen oder Bus-Rapid-Transit-Systeme einen extrem effizienten Verkehr ermöglichen. Wussten Sie, dass in Shanghai 10 % der Personen, die ein Auto besitzen, es fast nie benutzen? Es ist dort einfach ein Statussymbol ohne echten Nutzen. Es werden diejenigen Städte immer attraktiver, die ein gut funktionierendes ÖPNV-Netz haben. Als ich 1996 in Portugal bei AutoEuropa, damals ein Joint Venture zwischen Volkswagen und Ford, arbeitete, war es vom Staat vorgeschrieben, dass ein großer Arbeitgeber einen flächendeckenden Busservice einführte, um allen Mitarbeitern eine Pendelmöglichkeit zum Arbeitsplatz zu bieten. Das war schon allein deswegen erforderlich, weil Portugal ein armes Land war und sich viele Mitarbeiter gar kein eigenes Auto leisten konnten. Vergleichen wir die Situation bei Volkswagen in Wolfsburg heute: In der Stadt lebt nur ein (kleinerer) Teil der Volkswagen-Mitarbeiter. Die meisten Mitarbeiter wohnen im Umland, also im Umkreis von 30 km, vorwiegend in Gifhorn und Braunschweig. Jeden Morgen quälen sich Blechlawinen ins Werk. Meine normale Fahrzeit betrug aus Braunschweig morgens 35 min, abends 30 min, wenn ich eine halbwegs zeitverlässliche Strecke über die Landstraße wählte. Über die Autobahn war das Risiko sehr hoch, in einen Stau zu geraten und die Fahrzeit konnte auch mal eine Stunde betragen (für 30 km!!!). Da ich einen Dienstwagen hatte, konnte ich direkt vor meinem Büro parken. Normale Mitarbeiter mussten außerhalb des Werkes parken, was an manchen Tagen bei späterer Ankunft kaum noch möglich war und dazu führte, dass Mitarbeiter wieder nach Hause fuhren. Vom Parkplatz bis zum Arbeitsplatz betrug der Fußweg zusätzliche zehn Minuten. Man begegnete dem hohen Verkehrsaufkommen durch eine zweispurige Autobahnabfahrt von der A2 zur A39 und mit einer weiteren Autobahnabfahrt ins Werk. Zudem wurden neue Parkhäuser gebaut. Die Verbesserung hielt meistens nur wenige Monate an. Dann war die Fahrzeit fast wieder genauso hoch wie vorher und die Parkhäuser waren wieder voll. Was wären die richtigen Maßnahmen gewesen? Erinnern wir uns an Portugal… Man hätte aus Braunschweig und Gifhorn einen Busdienst mit kurzer Taktzeit einführen und einige Sammelplätze an Ausfallstraßen schaffen müssen. Dazu hätten die Busse auf der Autobahn eine für Busse, Taxen und Fahrgemeinschaften ab drei Personen reservierte Spur bekommen müssen. Die Fahrzeit des Busses bis hinein ins Werk hätte nur 25 min betragen und wäre damit erheblich schneller gewesen als mit dem Auto und der zusätzlichen Zeit für das Parken. Der morgendliche Ärger im Stau, ein enormer Ressourcenverbrauch und ein hoher CO_2-Ausstoß wären vermieden worden.

Städte, die konsequent ihre Innenbereiche auf ÖPNV umgestellt haben, sind auch in Deutschland die Gewinner. Gute Beispiele sind die Fahrradstadt Münster sowie die Innenstädte von Aachen und Freiburg. Auch in München gibt es ein perfektes U- und S-Bahnsystem, das gekoppelt mit einer offensichtlich absichtlichen schlechten Ampelschaltung die Bewohner in den ÖPNV treibt. Ich fahre in München fast nur noch U-Bahn, weil ich mit dem Auto wesentlich langsamer bin. Und bei horrenden Parkplatzgebühren ist der ÖPNV sogar noch billiger. Wir haben als sechsköpfige Familie aus diesem Grund den Zweitwagen abgeschafft.

Durch die Preissteigerungen für Rohöl in den letzten Jahren und auch durch die älter werdende Bevölkerung, die die Nähe zu Kultur, Ärzten etc. schätzt, ist das Wohnen in der Stadt wieder deutlich attraktiver geworden. Die Preise für Wohnraum steigen quasi mit dem Ölpreis.

Wenn sehr viele Menschen auf den ÖPNV umsteigen, bedeutet das in der Regel in größeren Städten, dass sie das Auto nur noch selten benutzen müssen. Dann reichen auch wieder Car-Sharing oder Mietwagenangebote für die restliche Mobilität aus.

5.2 Fahrgemeinschaften

In meiner Industriezeit hatten wir eine Führungskräfteveranstaltung mit 55 Teilnehmern in Hamburg. Wie kommt man mit dieser Teilnehmergruppe von Wolfsburg nach Hamburg? Ist doch ganz einfach: Jeder fährt mit seinem eigenen Dienstwagen! Ausreden gab es genug: Ich muss etwas früher weg; ich kann erst eine halbe Stunde später aufbrechen; ich weiß ja nicht, wer überhaupt noch alles fährt... Ich habe damals meine Sekretärin gebeten, die Teilnehmerliste zu besorgen und abzufragen, wer mit mir zusammen fahren möchte. Die Fahrt mit vier Kollegen war eine große Gaudi; wir hechelten alle Probleme der Abteilungen durch und kamen ganz entspannt in Hamburg an. Viel geschickter wäre es gewesen, wenn der Veranstalter einfach einen Bus bestellt hätte. Diese Situationen gibt es immer wieder. Die Fahrgemeinschaften müssten einfach nur geschickt organisiert werden, und der Fahrer kann damit sogar Geld verdienen. Da im Schnitt nur 1,3 Personen in einem PKW sitzen, würde es schon ausreichen, wenigstens eine weitere Person mit ins Auto zu bekommen. Daimler hat die Idee offensichtlich schon erkannt und bietet über „Cartogether" solch einen Service an. Ähnlich wie bei Ebay könnte man den Fahrer und die Passagiere bewerten, so dass auch ein Anreiz besteht, sich ordentlich zu benehmen. Auch die unverbindliche Partnersuche wäre damit möglich. Sie werden sich fragen, wer so etwas organisieren kann. Dafür gibt es Voraussetzungen: zum einen muss man wissen, wie sich Leute bewegen und zum anderen muss man wissen, wer bereit wäre, mit wem zusammen zu fahren. Ersteres können derzeit zwei Firmen besonders gut: Google und Apple. Durch die Smartphones, die über eine Ortungssoftware verfügen, weiß man recht genau, wer wann wo ist. Der Ärger, den Apple mit der heimlicher Erfassung dieser Daten hervorrief, ist noch nicht lange her. Die zweite beherrscht Facebook perfekt. Hätten Sie ein Problem mit Ihren „Freunden" im Auto zu fahren?

Beim Elektrofahrzeug sollte man generell vor Fahrtbeginn das Ziel eingeben, um zu schauen, ob man mit der vorhandenen Akkuladung überhaupt ankommen kann. Dieses Ziel kann dann den Freunden mitgeteilt werden. Zusätzlich lässt sich dadurch auch Geld verdienen. Bei steigenden Kraftstoffpreisen wird sich das bestimmt durchsetzen.

5.3 Bahn/Bahncard 75

Ich war jahrelang Gegner der Bahn und fand jedes Mal Ausreden, um nicht die Bahn benutzen zu müssen. Die heutigen Ausreden sind die gleichen geblieben: Die Bahn hat immer Verspätung, sie ist viel teurer als das Auto und braucht wesentlich länger. Nehmen wir uns die Gegenargumente einmal im Einzelnen vor. Die Bahn hat manchmal Verspätung. In meinen letzten Jahren war dies aber fast nie mehr als eine Stunde und drastische Verspätungen haben häufig bei starkem Schneefall stattgefunden, wenn man mit dem Auto längst nicht mehr fahren konnte. Mal ehrlich – wie oft haben Sie schon mit dem Auto im Stau gestanden und sich auch erheblich verspätet?

Die Bahn ist teurer als das Auto, wenn man beim Auto nur die Kraftstoffkosten rechnet und bei der Bahn erst spät bucht. Ich habe inzwischen etliche Fahrten mit der Bahn gemacht, bei denen ich für das Zugticket noch nicht einmal den Sprit hätte bezahlen können – und das sogar mit der ganzen Familie. Stellen Sie sich vor, in der zukünftigen Bundesregierung käme ein Verkehrsminister auf die Idee, dass jeder in Deutschland umsonst eine Bahncard 50 erhielte bzw. die Bahnpreise halbiert würden.

Schlagartig würde sich das Mobilitätsverhalten ändern, weil die Einstiegshürde in die Bahnfahrt entfiele. In der Schweiz wird für 4500 € pro Jahr der ganzen Familie ein General-Abonnement für alle Busse und Bahnen angeboten. Mit weiterer VIP und Businessabteilen könnte man das Arbeiten im Zug recht angenehm gestalten. Und jetzt stellen Sie sich vor, dieser Verkehrsminister würde in einer zweiten Legislaturperiode auf eine Bahncard 75 aufstocken…

Die Bahn braucht auf vielen Strecken nur durch das Umsteigen mehr Zeit als das Auto. Das stimmt schon, aber dafür kann man in der Bahn arbeiten, schlafen oder sich einfach nur erholen – weitaus besser als in jedem noch so komfortablen Auto, egal ob man selbst fährt oder mitfährt. Die Zeit in der Bahn ist also eher gewonnen – die im Auto, wenn man ehrlich ist, verloren. Und das sage ich als Inhaber des Lehrstuhls für Fahrzeugtechnik – nein, mir macht das Langstreckenfahren auf der Autobahn keinen besonderen Spaß. Da weiche ich lieber auf Landstraßen oder – weil es da eigentlich mit modernen Autos auch schnell langweilig wird – auf die Rennstrecke oder ein Prüfgelände aus. Auch auf einer Kartbahn kann man eine Menge Spaß haben. Freude am Fahren im heutigen dichten Autobahn- oder stauintensiven Stadtverkehr kann ich nicht mehr so richtig empfinden.

5.4 Langstreckenbusse

Die Bahn hat in Deutschland immer noch ein Monopol auf die Langstrecke, so dass keine privaten Busunternehmen gegen die Bahn antreten dürfen. Das wird gerade aufgebrochen, und die Bahn plant sogar selbst einen Fernbusdienst, klagt aber gleichzeitig gegen ähnliche Initiativen privater Anbieter. Damit können kostengünstig und flexibel Direktverbindungen angeboten werden, wo man bisher mehr-

fach umsteigen musste und viel Zeit verlor. So ist es keine Seltenheit, wenn man
auf Strecken bis 200 km die dreifache Zeit benötigt wie mit dem Auto – natürlich
fährt man da lieber Auto. Gruppen werden sich in Zukunft im sozialen Netzwerk
zu Veranstaltungen verabreden und einfach ihren eigenen Bus dazu buchen. Das ist
eigentlich nur noch ein Klick in Facebook – und wenn sich Daimler oder MAN das
Geschäft entgehen lassen, werden sich andere Anbieter für solche Dienste finden
lassen. Ich erwarte hier in der Zukunft ein boomendes Geschäft für Reisebusse.

5.5 Gewonnene Zeit im Bus und in der Bahn

Ich schätze inzwischen die U-Bahn, selbst wenn ich im Idealfall mit dem Auto noch
etwas schneller gewesen wäre. Der Unterschied ist, das ich im Auto fahren „muss",
in der U-Bahn aber arbeiten kann. Der Laptop hat da sehr viel verändert. Ich klappe
in der U-Bahn meinen Laptop auf und habe eine halbe Stunde Zeit, in Ruhe E-Mails
abzuarbeiten. Dafür spricht wiederum, dass man in der Bahn einfach wesentlich
besser arbeiten kann. Ich kenne einige VW-Mitarbeiter, die in Berlin wohnen und
jeden Tag mit dem ICE pendeln. Sie können sich da erstens gut erholen und zweitens auch in Ruhe arbeiten.

So sind für viele Geschäftsleute die Bahn und das Flugzeug attraktiver als das
Auto, selbst wenn die Reisezeit etwas länger ist (dieses Buch habe ich auch auf
einer Fahrt im ICE begonnen). Ich kenne viele Geschäftsleute, die wegen der bes-
seren Zeitnutzung das Auto nur noch bis zu einer Entfernung von maximal 300 km
benutzen. Für alle Strecken darüber hinaus nehmen sie das Flugzeug oder den Zug.
Es wäre sinnvoll, dort flächendeckend WLan einzuführen, um besser arbeiten zu
können. Der neue Mobilfunkstandard Long Term Evolution (LTE) wird sicher
einen Schub bringen.

Ausblick

6

6.1 Mobilität der Zukunft

Mein Traum – auch aus Kundensicht – für das Jahr 2030 ist folgender: Ich sage nur noch meinem iPhone, wohin ich fahren möchte, mit wie vielen Personen und mit welchem Gepäck. Dann bekomme ich kurzfristig genau die Mobilität angeboten, die ich benötige und weiß genau, wann ich ankomme. Das wäre in Google Maps, das viele für ihre Routenplanung nutzen, nur noch ein kleiner Button „Buchen". Heute schon werden – zumindest in den USA – die Fahrzeiten für verschiedene Verkehrsträger (Fahrrad, zu Fuß, Auto, ÖPNV) berechnet.

Die Mobilität wird multimodal sein, also die verschiedenen Verkehrsträger miteinander verknüpfen.

Unter dem Szenario hoher Ölpreise wird man in Deutschland wohl keine neuen Straßen bauen und auch keine Mautgebühr für PKW einführen müssen, weil der Verkehr deutlich zurückgehen wird.

Für kleinere Haushalte wird das Elektrofahrzeug durchaus eine Rolle als Erstauto spielen. In größeren Haushalten mit mehr als einem Fahrzeug wird es sicher die Rolle des Zweitfahrzeugs einnehmen können.

Insgesamt werden die Menschen weiterhin einen erheblichen Geldbetrag für Mobilität ausgeben, es werden sich lediglich die Wertschöpfungspotenziale und -ketten für die Automobilhersteller massiv verschieben. Das kann einen Abfall der Produktion von konventionellen Verbrennungsfahrzeugen auf 20 % der heutigen Stückzahlen bedeuten. Die Elektrofahrzeuge würden bis zu 50 % der heutigen Neuzulassungen ausmachen. Aktuelle Vorhersagen von Automobilanalysten, dass 2020 über 100 Mio. herkömmliche Autos pro Jahr verkauft werden – bei derzeit ca. 60 Mio. – kann ich nur belächeln. Ich habe einfach keine Vorstellung, woher dafür der Kraftstoff kommen soll.

M. Lienkamp, *Elektromobilität,*
DOI 10.1007/978-3-642-28549-3_6, © Springer-Verlag Berlin Heidelberg 2012

6.2   Die Trauben sind zu sauer – Verlust der Bedeutung des persönlichen Besitzes

Das heutige Durchschnittseinkommen in Deutschland liegt bei etwa 3000 € netto. Für den Besitz und Betrieb eines Kleinwagens gibt der ADAC Kosten von 400 € pro Monat an. Das ist ein sehr erheblicher Teil des Einkommens. Wenn die Preise für individuelle Mobilität weiter steigen, werden andere Insignien „in". Schon heute scheint der Besitz eines aktuellen iPhones mehr zu zählen als der eines Autos.

Gefährlich ist auch, wenn die Stimmung gegenüber dem Auto als Luxusartikel kippt. Ende 2008, als die Ölpreise in die Höhe schossen und die Nahrungsmittelpreise explodierten, kam es durchaus zu Situationen, in denen Kinder ihre Eltern baten, sie doch 100 m vor der Schule herauszulassen, weil es peinlich sei, mit so einem spritschluckenden Geländewagen vorzufahren. Das ist gerade für die Premiumhersteller viel gefährlicher als die hohen Spritpreise selbst.

Gerade in Großstädten, wo horrende Gebühren für einen eigenen Parkplatz bezahlt werden müssen und das Wohnen einen immer größeren Teil des Einkommens verschlingt, geht die Bedeutung des Autos zurück. In Städten wie Tokio machen immer weniger junge Leute überhaupt noch den Führerschein. Wenn sie die Anschaffung eines Autos überlegen, wollen sie nur noch maximal 10.000 € für ein Auto ausgeben, dann aber alles haben: Geländewagen, Sportwagen, Cabriolet – geben wir ihnen das doch. In Form von Mobilität und der Möglichkeit, auch mal solche Autos zu fahren. Durch Firmenwagen, Leasing und Autofinanzierungen haben wir den Kunden bereits das Eigentumsverständnis abgewöhnt. Ein Mietwagen ist zudem häufig sauberer und gepflegter als der eigene Wagen.

6.3   Warum die Automobilindustrie die Elektromobilität fürchtet?

Die Automobilindustrie ist sehr investitions- und damit kapitalintensiv. Sie tätigt langfristige Investitionen in Stahlpresswerke und Lackierereien. Damit kann man sehr kostengünstig die heutigen Fahrzeuge in Stahl-Schale-Bauweise fertigen. Elektrofahrzeuge werden aber eher in einer Aluminiumbauweise mit einem Spaceframe aus Gussbauteilen, Profilen und Blechen bestehen.

Auch die Verbrennungsmotoren- und Getriebewerke sind kapitalintensiv und werden für Elektroautos kaum noch benötigt. Deutschland hat mit Bosch, Continental, Siemens und Infineon eine sehr gute Basis, um Elektromaschinen und die dazu erforderliche Leistungselektronik zu fertigen. Im Bereich der Akkumulatoren, die etwa 30 % der zukünftigen Wertschöpfung ausmachen, haben wir jedoch derzeit keine relevanten Produktionsmöglichkeiten. Hier beschreiten viele Automobilhersteller richtigerweise den Weg, erst einmal die einzelnen Zellen zu kaufen und den Akkupack selbst zu bauen. Somit wird wenigstens ein Teil der Wertschöpfung wieder zurückgeholt. Der Aufbau von Produktionskapazität für Zellen ist für Deutschland nach meiner Einschätzung allerdings unabdingbar.

Es kommt hinzu, dass Elektroautos auf Basis heutiger (größerer) Fahrzeuge langfristig nicht wirtschaftlich sind (s. Kap. 4). Solche Autos werden nur für Liebhaber, Verrückte und „Early Adopters" sein, die einen wirtschaftlich nicht begründeten Mehrpreis zu zahlen bereit sind. Damit wird die Stückzahl dieser (großen) Elektroautos klein bleiben. Die wirtschaftlich sinnvollen (kleinen) Elektrofahrzeuge können aber kaum noch die Komponenten der großen Fahrzeuge (Achsen, Lenkung, Bremsen, Räder, Klimatisierung) benutzen, sondern benötigen eher Komponenten aus dem Motorradbereich. Hier muss also neu investiert werden, weil die alten Anlagen und Werkzeuge dafür nicht nutzbar sind.

Elektroautos halten länger. Der Motor ist nahezu verschleiß- und wartungsfrei. Die Aluminiumkarosserie rostet nicht: Das Geschäft mit Ersatzteilen, Reparaturen und neuen Fahrzeugen bricht weg.

Durch die begrenzte Reichweite der Elektroautos wird sich der Kunde langfristig eine nichtautomobile Alternative wie Bahn, Flugzeug und Bus suchen. Damit werden diese Alternativen der Langstreckenmobilität wachsen. Je mehr nichtautomobiles Angebot vorhanden ist, desto eher wird es auch genutzt. Dieser Selbstverstärkungseffekt kann das herkömmliche Auto mehr und mehr überflüssig machen. Somit werden in absehbarer Zeit immer weniger konventionelle Autos verkauft, mit denen heute noch Geld verdient wird.

Bei steigenden Ölpreisen findet zwangsläufig eine Verschiebung der Marktanteile zu Gunsten der kleinen Fahrzeuge statt. In den USA schwanken die Verkaufszahlen des Pickups Ford F150 parallel zu den aktuellen Preisen an der Zapfsäule, was nicht unbedingt für die Weitsicht der amerikanischen Kunden spricht. Bei kleinen Fahrzeugen sind aber die Gewinnmargen normalerweise kleiner als bei großen Fahrzeugen. Die Premiumhersteller haben das erkannt und bieten mit A-Klasse, Smart, BMW Mini und Audi A1 inzwischen in diesem Segment hochwertige und margenstarke Fahrzeuge an. Dies ist eine Art Lebensversicherung für steigende Ölpreise. Es darf nur keiner ausscheren und die Preise kaputt machen.

Für die heutige Automobilindustrie bedeutet das Szenario einfach einen Verlust ihres heutigen Geschäftsmodells und damit den möglichen Untergang. Die Verkäufe von (profitablen) konventionellen Autos würden drastisch zurückgehen und die Verkäufe von unprofitablen und mit wenig Wertschöpfung behafteten Elektroautos würden ansteigen. Das ist, weiß Gott, kein attraktives Szenario für die OEMs. Für einen Hersteller von Analogkameras und Filmen war es auch kein denkbares Geschäftsmodell, in die Digitalkameras einzusteigen, weil es das eigene, noch gewinnträchtige Geschäftsmodell zerstört hätte – deswegen ist Agfa schleichend untergegangen.

6.4 Warum der Elektrofahrzeug-Hype brandgefährlich ist

Bisher waren immer höher gelegte Schwellen für die Abgasemissionen eine Markteintrittsbarriere für neue Hersteller. Die Abgasnormen wurden an die Grenze gelegt, die die europäischen Hersteller noch einhalten konnten. Besonders bei Dieselmotoren ist derzeit außer den Europäern kaum noch ein internationaler Automobil-

hersteller in der Lage, gute Motoren zu bauen – nicht einmal Toyota! Auch bei
kleinen, hoch aufgeladenen Ottomotoren und bei komplexen Automatikgetrieben
sind die deutschen OEMs führend. Im Bereich der Sicherheit sind sehr aufwändige
und damit teure Tests vorgeschrieben, um Gesetze und Kundentests wie EuroNCAP
zu erfüllen. Das ist quasi eine technologische Marktabschottung gegenüber Billig-
anbietern.

Für Elektroautos braucht man dagegen eigentlich nur eine – zugekaufte – Elektromaschine und eine – zugekaufte – Batterie, und es kann schon fast losgehen.
Das Fahrzeug könnte sogar ein kompetenter Dienstleister, wie EDAG, IAV, Volke,
BFFT, Bertrand, Magna oder Porsche Engineering, mit allen nötigen Crashanforde-
rungen komplett entwickeln.

Man sieht, wie schnell neue Hersteller wie Built Your Dream (BYD), die bisher
nur Akkuzellen gebaut haben, in China aus dem Boden schießen und ganze Autos
herstellen. Auch Tesla hat im Wesentlichen einen Elektromotor gekauft, den Akkupack aufwändig selbst entwickelt und den Rest von Lotus an eine leergeräumte Lotus Elise anpassen lassen. Derzeit stehen ja einige abgewirtschaftete Automobilhersteller zum Verkauf. Kauft man sich noch einen guten Ingenieurdienstleister dazu,
könnte ein chinesischer Zellhersteller recht einfach in den automobilen Markt eintreten. Dieser neue Hersteller wäre von den alten Investitionen und Abschreibungen
relativ unbelastet und könnte kostengünstig Elektrofahrzeuge produzieren. Er würde sich auch nicht sein eigenes Geschäft mit konventionellen Autos kannibalisieren.

6.5   Warum das trotzdem eine Chance für die deutschen OEMs ist

Wir haben in Deutschland mit dem VW-Konzern, BMW und Daimler drei OEMs
mit herausragender Automobilkompetenz. Das Elektroauto muss komplett neu „ge-
dacht" werden und entsteht auf einem weißen Blatt Papier – alles ist neu. So etwas
kann nur ein sehr kompetenter OEM entwickeln, erproben und mit hoher Qualität
in Serie bringen. Die Gesamtfahrzeugkompetenz für neue Fahrzeuge haben nach
meiner Einschätzung nur Audi, BMW, Daimler, VW und Toyota. Renault ist sicher sehr kreativ und mutig, aber technologisch und qualitativ nicht auf vergleich-
barem Niveau. Die Aluminiumkompetenz für Elektrofahrzeuge haben nur Audi,
BMW und Daimler. Die Kompetenz für Elektromaschinen und Leistungselektronik
sitzt ebenfalls mit Siemens, Continental und Bosch geballt in Deutschland und die
OEMs bauen dort auch Knowhow auf.

Ich kann mir gut vorstellen, dass es gesetzlich erzwungen wird, beim Verkauf
von großen verbrauchsungünstigen Luxusautos ein Nullemissionsauto dazu zu verkaufen. Damit würden die Premiumhersteller als erste zu großen Stückzahlen von
Elektroautos gezwungen, müssten die Kosten schnell in den Griff bekommen und
würden auch als erste durch die Kostendegression bei steigenden Stückzahlen in die
Wirtschaftlichkeitszone kommen. Zudem könnten sie sich über Patente und Innovationen die Technologieführerschaft bei den Elektrofahrzeugen sichern.

6.6   Wie die Automobilindustrie überleben kann

Die OEMs müssen einsehen, dass sich die Welt vom Produkt „Fahrzeug" zu einer „Welt der Mobilität" wandeln wird. Hier kann man sich gegen den Wind stellen und kämpfen oder einfach Windmühlen bauen und den Wind nutzen. Die Automobilhersteller müssen sich zum Mobilitätsanbieter entwickeln. Das bedeutet einen Einstieg in das Car-Sharing- und Mietwagengeschäft. Durch Werkstätten und Händler verfügen die OEMs über ein hervorragend engmaschiges Netz, das dafür genutzt werden kann. Ich sehe auf den Höfen der Autohändler massenhaft Gebrauchtwagen, die sich die Reifen plattstehen. Diese könnten ohne zusätzliche Investitionen sofort als Mietwagen genutzt werden.

Die OEMs müssen in die Entwicklung und den Aufbau der Produktion von wirtschaftlich sinnvollen Elektrofahrzeugen investieren. Dies sind Elektrofahrräder, kleine zweisitzige Stadtfahrzeuge, Post- und sonstige Stadtlieferfahrzeuge und vielleicht auch Taxis.

Wir müssen die Wertschöpfung bei Elektromaschinen in Deutschland weiter ausbauen. Dies kann und sollte bei den OEMs geschehen. Die Fertigung des Akkupacks gehört auf jeden Fall in die Hand des OEMs, die der Einzelakkuzellen sollte in Kooperationen mit technologisch ausgereiften Top-Herstellern wie Samsung oder Sanyo in Deutschland erfolgen. Für den Einstieg muss die jetzige Lithium-Ionen-Technologie für die automobilen Anforderungen ertüchtigt werden. Neue Zellchemien müssen weiter erforscht werden, stehen aber derzeit für einen industriellen Einsatz noch nicht zur Verfügung.

Die OEMs müssen sich also intensiv Gedanken machen, wie sie für den Kunden attraktive Angebote mit einer Mischung aus wirtschaftlichen Elektrofahrzeugen, Mietwagenangeboten und Mobilitätsdienstleistungen zur Verfügung stellen. Hier werden die Dienstleistungsqualität und das Image entscheidend sein. Es ist schon ein Unterschied, ob ich so ein Paket von BMW oder Chrysler bekomme.

In dem gewählten Szenario wird angenommen, dass es durch Mietwagen erheblich weniger konventionelle Autos gibt, die aber sehr hohe Laufleistungen erzielen würden und extrem sparsam sein müssen. Das kommt den deutschen High-Tech-OEMs entgegen, die Autos mit sehr hoher Qualität bauen und technologisch die beste Kompetenz haben, sparsame Autos zu entwickeln. Gerade in diesen Tagen wurde von Daimler ein Geländewagen der M-Klasse angekündigt, der im Zyklus nur 6 l Diesel/100 km verbraucht – und das ohne Hybridisierung. Das ist technologisch schon beachtlich.

6.7   Wer im Automobilbereich am besten aufgestellt ist

Dies ist das heikelste Kapitel, weil ich hier den Apfel des Paris verteile. Ich fürchte, dass mich diese Aussagen mal wieder einige Aufträge aus der Automobilindustrie kosten könnten. Zudem greife ich bei meiner Einschätzung auf meine Erfahrung in der Automobilindustrie zurück und werde auf jeden Fall die Geheimhaltung wahren. Deswegen beziehe ich mich hier nur auf für jeden frei zugängliche Informationen aus der Presse oder aus Geschäftsberichten.

6.7.1 OEMs

Im Folgenden liste ich die derzeitige Reihenfolge aus meiner Sicht auf.

Renault/Nissan Das klingt überraschend, ist eigentlich eine Ohrfeige für die deutschen Hersteller, aber schnell erklärt: Renault bringt im Jahr 2012 voraussichtlich folgende Fahrzeuge auf den Markt: den elektrischen Kangoo für den Stadtlieferverkehr, den Fluent in der Kompaktklasse und den Twizzy als zweisitziges, sehr kleines und leichtes Stadtfahrzeug. Nissan hat den Leaf, kein revolutionäres Fahrzeug, aber immerhin im Markt. Zudem geht Renault weltweit gezielt auf Städte und Kommunen als Kunden zu, um die Fahrzeuge dort zu verkaufen. In Frankreich werden hohe Kaufprämien für Elektroautos ausgelobt, die Renault einen guten Markteintritt ermöglichen. Bei der IAA 2009 hat Renault als einziges Unternehmen ein ganzheitliches Elektrofahrzeug- und Mobilitätskonzept vorgestellt. Bei Renault sieht man den echten Willen, das Unternehmen und die Welt zu revolutionieren. Renault wird damit seiner Rolle als Trendsetter wieder einmal gerecht – erst bei Fahrzeugkonzepten und jetzt bei Mobilitätskonzepten. Hier lauern aber auch Gefahren: Renault tut sich immer noch schwer mit der Qualität seiner Produkte. Der Twizzy ist von der Sicherheit her unbefriedigend. Der Fluence wird sich aus Kostengründen und weil er ein Conversion Fahrzeug ist (also ein umgebautes Verbrennerfahrzeug mit keinem eigenständigen Design), schwertun. Zudem hat Renault in den letzten Jahren durch Fokussierung auf Elektromobilität seine aktuelle Modellpalette vernachlässigt und altern lassen. Dennoch kann Renault durch die große Produktbreite an Kleinfahrzeugen problemlos die CO_2-Gesetzgebung erfüllen. Dazu baut Renault recht gute Dieselmotoren. Die Tochter Nissan tut sich dagegen durch die Katastrophe in Japan und den kritischen Markt in den USA schwer. Renault wird aber sehr schnell vom Treppchen gestoßen werden, wenn die deutschen OEMs durchstarten sollten. Zudem sind bei Renault noch keine herausragenden Mobilitätskonzepte zu erkennen.

Daimler Daimler hat sich erst sehr spät bei den Verbrennern auf die Verbrauchsreduktion gestürzt. Auf der IAA 2009 war enttäuschend, dass die Vision der A-Klasse mit 109 g CO_2/km gezeigt wurde und Volkswagen schon den Golf als Serienmodell mit Werten darunter anbot. Gleichzeitig wurde die vorzeitige Erfüllung der Euro-6-Abgasnorm der E-Klasse als Highlight gefeiert. Da hatte Daimler die Entwicklung verschlafen und BMW preschte voran. Seitdem hat sich bei Daimler aber die Welt rasant verändert. Daimler stellte im Monatstakt sparsame Fahrzeuge vor und scheute sich nicht, die S-Klasse mit Vierzylindermotor zu zeigen (da fehlt die emotionale Verbundenheit von BMW zum seidenweichen Reihensechszylinder…). Eine Konzeptstudie der neuen A-Klasse hat nur noch eine Höhe von 1,37 m und ist damit flacher als ein 3er BMW – das zeigt nicht nur im Design eine neue Welt, sondern auch in der Aerodynamik. Die E-Klasse ist Aerodynamikweltmeister und im Leichtbau hervorragend. Die C-Klasse ist von der Stirnfläche her kleiner als ein Golf. Das ist technologisch hervorragend und zeigt die richtige Richtung.

Bei den Elektrofahrzeugen sieht man ernsthafte Ansätze in der Hybridtechnologie und den Plug-In-Hybriden. Bei reinen Elektrofahrzeugen gibt es, öffentlich vorgestellt, nur den Elektrosmart – das ist schon sehr gut. Zudem ist der Elektrosmart mit einem Preis von ca. 23.000 € inklusive Mehrwertsteuer und Batterieleasing angekündigt und damit preislich durchaus attraktiv. Aber dies ist eindeutig viel zu wenig an Modellen. Hier müsste Daimler bei der in sehr hohem Maße vorhandenen Technologiekompetenz Trendsetter werden. Vielleicht hält Daimler aber noch Überraschungen parat. Positiv zu bewerten ist das Joint Venture mit Evonic zur Litec-Batteriefirma und die angekündigte Zusammenarbeit mit Bosch bei den Antrieben. Hier kann Daimler sehr gut Erfahrung sammeln und erhält eine Bewertungskompetenz. Lobenswert ist auch, dass Daimler der einzige deutsche Hersteller ist, der nennenswerte Kompetenz bei der Brennstoffzellentechnologie hat. Selbst wenn ich diese Technologie aus wirtschaftlichen Gründen in diesem Jahrzehnt noch nicht für sinnvoll halte, wäre es falsch, diesen Weg aufzugeben. Vielleicht gelingt ja doch noch ein großer Schritt zur Kostenreduzierung.

Hervorragend ist die Positionierung als Mobilitätsanbieter. Nach dem Einstieg bei Toll Collect hat Daimler die Vorreiterrolle im Mietwagenbereich durch die Initiative Car-to-Go übernommen. Das ist wirklich wegweisend, besonders wenn man bedenkt, dass die Gewinne der OEMs durch Car Sharing massiv gefährdet werden können. Daimler ist auch im Nutzfahrzeug- und Busbereich optimal aufgestellt und kann somit gut als Mobilitätsanbieter fungieren.

BMW BMW hat als erster OEM die Verbrauchsreduzierung schon vor Jahren mit dem Programm „EfficientDynamics" ernst genommen, während die anderen Hersteller noch den Schlaf der Gerechten schliefen. Das hat BMW sicher viel Geld gekostet, zahlt sich aber langfristig vom Image und der exzellent aufgestellten Produktpalette aus. Hier wird sich BMW allerdings langfristig vom perfektionierten Sechszylinder-Reihenmotor und den Achtzylindern verabschieden müssen. Auch der Rückschritt beim 5er, bei dem der Aluminiumanteil wieder reduziert wurde, ist für mich nicht nachvollziehbar. Ebenso müsste BMW dringend in die Erdgasantriebe einsteigen – für BMW eher ein Mentalitätsproblem als ein technologisches.

Auf höchster Ebene wurde vor einigen Jahren der Einstieg in die Elektromobilität beschlossen. Eine frühe, riskante, aber richtige Entscheidung! Der Start mit dem Mini-E und den Active-E BMWs war gelungen und hat zu vielen Erfahrungen im Kundenbetrieb geführt. Daraus ist u.a. das für 2013 angekündigte Elektrofahrzeug i3 hervorgegangen. Es wird z. T. aus Kohlefaser verstärktem Kunststoff (CFK) gebaut und damit dem sportlichen Image von BMW gerecht. Es wird ein teures Premiumfahrzeug, das für den Kunden rein wirtschaftlich keinen Sinn ergibt, sich also über das Image verkaufen muss und sicher auch wird. Durch die CFK-Technologie ist es aber eher für kleine Stückzahlen ausgelegt. Dennoch ist das für BMW ein eminent wichtiges Projekt, um intern Erfahrungen mit dem Thema zu sammeln und extern das Image des Technologieführers aufzubauen. Es ist das erste ernstzunehmende Elektrofahrzeug, das „auf dem weißen Blatt Papier", also von Grund auf neu entwickelt wurde. Das beweist Mut und Weitsicht, in einer Zeit, in der überall nur Conversion-Fahrzeuge entstehen. Ebenso ist der Vision EfficientDynamics, genannt i8, als Sportwagen von Grund auf neu entstanden. Das ist eine gelungene Antwort auf den Tesla Roadster – Glückwunsch! BMW hat damit leider noch kein Fahrzeug im Portfolio, das wirtschaftlich attraktiv und damit massenmarktfähig ist. Bei den Komponenten hat sich BMW gerade durch ein Joint Venture mit Peugeot positioniert und wird dort gemeinsam Antriebs- und Batteriekomponenten entwickeln und fertigen. Das ist ein klares Bekenntnis, die Wertschöpfung für diese wichtigen Komponenten ins Haus zu holen und auch Kompetenz zu entwickeln. Die im Dezember 2011 angekündigte Zusammenarbeit mit Toyota in einigen Feldern beweist ein geschicktes Kooperationsverhalten.

Ebenso positioniert sich BMW gerade als Mobilitätsanbieter und versucht damit, den Vorsprung von Daimler aufzuholen. Die jüngst angekündigte Kooperation mit Sixt im Mietwagengeschäft (Drive Now) soll wohl das Car-to-Go-Konzept von Daimler parieren. Das System Connected Drive ist ein guter Ansatz, Dienstleistungen anzubieten. Das ließe sich ausbauen, wenn man die Gewinnerwartung zunächst zurückstellen würde und den langfristigen Nutzen sähe. Hier muss BWM noch zeigen, dass sie es ernst meinen und mit den passenden Dienstleistungen an den Kunden herangehen. Bedauerlich ist das Fehlen jeglicher Produkte für die Logistik oder den öffentlichen Personentransport. Hier könnte ein Luxuskleinbus oder ein Stadtlieferwagen ein Einstieg sein; verbunden allerdings mit dem Risiko, das Image der Marke zu schädigen.

Toyota Toyota verfügt über eine hervorragende Hybriderfahrung und setzt die Technologie flächendeckend und zu vertretbaren Kosten ein. Der Prius war in Japan zeitweise das am meisten verkaufte Auto. Leider ist Toyota in der Dieseltechnologie eher abgeschlagen. Da ist aber zu verkraften, weil außer in Westeuropa in der gesamten PKW-Welt eher Benzinmotoren bevorzugt werden und Erdgasmotoren, die in Zukunft einen Boom erleben werden, auf Benzinmotoren basieren. Bei Elektrofahrzeugen hält sich Toyota noch zurück, obwohl sie die nötige Kompetenz im Bereich der Elektroantriebe und Akkumulatoren durchaus haben. So besetzt Toyota nennenswerte Forschungskapazitäten im Batteriebereich und sichert sich Ressourcen bei den Seltenen Quellen und Elektromotorenkomponenten. Eine eigene Fabrik für Leistungselektronik wurde aufgebaut. Diese Kompetenz und Fertigungstiefe ist weltweit bei den OEMs einmalig. Der Prius wird schon als Plug-In-Hybrid mit einer Reichweite von ca. 23 km angeboten – ein sinnvolles und bezahlbares Konzept.

Toyota hat eher eine zögerliche, sicherheitsbedürftige und gründliche Unternehmensphilosophie. Das Unternehmen hat besonders durch die klemmenden Gaspedale und andere Rückrufaktionen ein ähnliches Trauma erlitten wie Daimler bei der Einführung der elektrohydraulischen Bremse in der E-Klasse. Aber wenn sich Toyota für eine Richtung entschieden hat, wird es brandgefährlich. Toyota ist trotz der atomaren Katastrophe in Japan finanziell sehr potent; und in Japan sitzen entscheidende Technologieunternehmen für Batterien, Leistungselektronik und Elektromaschinen. Japanische Zulieferer werden Innovation immer zuerst mit nationalen

Herstellern, und dank seiner exzellenten Vernetzung am liebsten mit Toyota, in Serie bringen.

Als Anbieter von Mobilität hat sich Toyota noch nicht positioniert. Durch die hohe Marktpräsenz in allen Regionen kann Toyota aber auch hier schnell den Markt erobern. Besonders durch die ausgeprägte Serviceorientierung hat Toyota gute Chancen. Ich vermisse allerdings eine klare Positionierung dazu.

Die Chinesen Einzelne Hersteller nenne ich hier nicht, sondern gebe einen allgemeinen Überblick.

Bei den Verbrennungsmotoren werden die Chinesen nicht den Vorsprung der Europäer aufholen. Das ist auch der Grund, warum sie sich jetzt mit aller Macht auf das Elektrofahrzeug stürzen. Da sehen sie eine Chance, vorn dabei zu sein, und diese Chance werden sie auch nutzen. So hat China beschlossen, dass die Hersteller nur dann in China Elektroautos fertigen dürfen, wenn sie mindestens eine Kompetenz in den Bereichen Antrieb, Leistungselektronik oder Batterie mit allen Patenten an China abgeben. Das ist ein noch nie dagewesener Affront und brandgefährlich. Ein internationaler OEM hat sich angeblich schon darauf eingelassen. China hat mittelmäßige Kompetenz im Antriebsbereich, nutzt aber die derzeitige Monopolstellung bei den Seltenen Erden, um Geld zu verdienen und Elektromotorenkompetenz nach China zu holen. Bei der Leistungselektronik hinkt China eher hinterher, aber bei der Zellfertigung holt das Land rasant auf. Ein deutscher Batterieentwickler drückt es so aus: „Die arbeiten da an Problemen, die wir noch gar nicht kennen." Die Akkupackkompetenz wird sich China bestimmt auch erarbeiten und könnte technologisch gesehen in Zukunft Elektrofahrzeuge sinnvoll mit hoher eigener Kompetenz und Wertschöpfung bauen. Der Markt ist riesig, so dass – ggf. auch durch Protektion des Staates – schnell eine Kostendegression durch hohes Volumen erreicht werden kann. Da die Elektrofahrzeuge über die Fahrräder und Motorroller in den Markt kommen, hat China in diesem Bereich große Vorteile, weil dieser Markt dort schon sehr gut entwickelt ist. Dennoch fehlen den Chinesen aus deutscher Sicht das automobile Gesamt-Knowhow, die Systemkompetenz, die Auslegung von Sicherheit und das komplexe Denken. Durch geschickte Zukäufe könnte das aber ausgeglichen werden.

Das Thema Mobilität ist bei den chinesischen OEMs noch nicht sichtbar, weil in China das Auto derzeit das höchste zu erstrebende Gut ist. Mobilität wird eher staatlich verordnet, und es werden in einem für uns unvorstellbar rasanten Tempo U-Bahnen gebaut und das ÖPNV-Netz verbessert. China konzipiert komplett neue Millionenstädte auf der grünen Wiese, die das Thema Mobilität ganz neu adressieren. In diesen Städten wird das Auto kaum noch eine Rolle spielen und der ÖPNV nimmt die wesentliche, gestaltende Rolle ein.

Apple/Google/Facebook/Doodle und Co. Nein, diese Unternehmen bauen keine Autos und werden das wahrscheinlich auch nie tun, obwohl sie durchaus einige Technologien davon gut beherrschen: Ein Bordnetz mit Vernetzung auszulegen dürfte für Apple kein Problem sein, Lithium-Ionen-Akkus werden in Millionenstückzahl in die Handys eingebaut und Google kann schon automatisch fahren.

Letzteres entwickelt Google nach meiner Einschätzung nicht nur aus Spaß, sondern sicher mit dem ernsten Hintergrund, Mobilität anzubieten. Das automatische Fahren ist der Weg, ein Fahrzeug dem Kunden direkt vor die Tür zu bringen.

Diese Unternehmen kennen sehr gut das Tracking der Handys und das Mobilitätsverhalten über die Google-Maps-Abfragen von Kunden. Sie wissen sehr genau, wer mit wem befreundet ist und demnächst auch, wer wohin will und wer sich mit wem wo und wann trifft. Da ist der Schritt nicht mehr weit, alles zu kombinieren und daraus Mobilitätsanbieter zu werden. Das ist eine riesige Bedrohung für die jetzigen OEMs. Die finanzielle Potenz dazu haben diese Firmen allemal.

Volkswagen Bei der Verbrauchsreduktion der Verbrennungsfahrzeuge hat VW viel Kompetenz: Beispiele sind der 3-l-Lupo, der Polo Blue Motion als kurzzeitiger Verbrauchsweltmeister und die Blue Motion Reihe. Ebenso hat VW bei den Ottomotoren durch Downsizing und Turboaufladung einen Sprung gemacht und zahlreiche Erdgasfahrzeuge im Angebot. Dennoch vermisse ich einen flächendeckenden Einsatz dieser Technologien. Zudem hat sich VW immer weiter nach oben positioniert und die Fahrzeuge sind stets größer, komfortabler und schwerer geworden. Beim Gewicht und bei der Aerodynamik (vor allem der großen Stirnfläche, weil die Autos breit und satt auf der Straße stehen sollen) liegt VW hinter Wettbewerbern zurück. Die aufgeladenen Ottomotoren haben zudem den Nachteil, bei höheren Geschwindigkeiten einen großen Verbrauch zu entwickeln.

Bei der Elektromobilität hat VW eine solide technologische Grundlage und versucht, über Joint Ventures weitere Kompetenz aufzubauen. Es gibt auch den Willen, Fertigungskapazität im Komponentenbereich zu schaffen. Der Elektro-Up könnte als Kleinwagen den Einstieg in die Elektromobilität schaffen. VW verfügt außerdem über eine gute Position in China. Zudem hat VW auf der IAA mit dem Einsitzer „Nils" gezeigt, dass ernsthaft über den Einstieg in die Elektromobilität nachgedacht wird. Einen sinnvollen Weg zeigt auch die Studie eines Postautos namens eT!, die Ende 2011 vorgestellt wurde.

Bei VW vermisse ich allerdings jeglichen Willen und auch die Kompetenz, sich als Mobilitätsanbieter zu positionieren. Mit dem Verkauf von Europcar hat VW das Mietwagengeschäft aufgegeben. Mit dem Ziel, im Jahr 2018 der größte Automobilhersteller der Welt zu sein, also einer reinen Volumenstrategie, scheint VW auch nicht die Absicht zu haben, in Richtung Mobilität zu denken. Das ist ein hohes Risiko. Positiv ist aber der Einstieg bei MAN und Scania, wodurch die Möglichkeit eröffnet wird, sich bei den Bussen zur Mobilität zu positionieren.

Vielleicht fährt Volkswagen auch die Philosophie, mit den heutigen konventionellen Fahrzeugen das Geld zu verdienen, das als Investition für eine neue Form der Mobilität dienen könnte.

Audi Audi hat sich im Gegensatz zu BMW erst sehr spät entschieden, den Verbrauch der Flotte massiv zu senken. Der Hersteller kann allerdings auf den Konzernbaukasten und die kompletten Technologien zurückgreifen und Nachteile schnell aufholen. Dafür hat Audi eine sehr gute Kompetenz im Leichtbau und den neuen Audi A6 in diese Richtung gut positioniert. Der Einstieg in das Kleinwagensegment ist nicht so gut gelungen wie bei BMW mit dem Mini; der A1 wirkt für einen Premiumhersteller einfach nicht eigenständig genug. Erfreulich ist, dass sich Audi jetzt für den Einstieg in die Erdgasantriebe entschlossen hat – zumindest verbal.

Bei den Elektrofahrzeugen ist der Audi etron ein Versuch, den Tesla Roadster zu schlagen. Aber es ist auch eher ein Conversion-Fahrzeug; mehr eine sportliche Herausforderung und ein Imageträger als ein Produkt für hohe Stückzahlen. Gelungen ist der Audi A1 etron mit einem Elektroantrieb und einem Akku mit 50 km Reichweite. Dann springt ein Verbrennungsmotor als Reichweitenverlängerer an. Damit ist das Auto ein reines Kurzstreckenfahrzeug. Ein echtes eigenständiges Elektroauto fehlt – der A2 ist auf der IAA 2011 in diese Richtung reaktiviert worden. Bei den erforderlichen Technologien zeigt Audi nach außen ein uneinheitliches Bild. Bei den Antrieben und den Batterien ist noch nicht abzuschätzen, inwieweit Audi eigene Kompetenz aufbauen will oder kann.

Eine Positionierung als Mobilitätsanbieter hat Audi noch nicht vorgenommen. Bei Interviews wird das Auto noch als langfristig sinnvolle Lösung für Megacities gelobt. Hier müsste ein deutlicher Mentalitätswandel stattfinden, um in dem hier beschriebenen Szenario wetterfest zu bleiben.

Honda   Honda spielt in Europa eine geringere Rolle. Anerkennenswert ist das Hybridfahrzeug Honda Insight, weil mit einem kostengünstigen Mild Hybrid sehr gute Verbrauchsergebnisse erzielt werden. Auch Honda ist eher schwächer in der Dieseltechnologie, dafür aber solide bei den Ottomotoren.

Bei den Elektrofahrzeugen herrschte lange Zeit offensichtlich die Aufgabenteilung, dass sich Toyota um die Hybridfahrzeuge kümmerte und Honda um die Brennstoffzelle. Leider hat sich die Brennstoffzellentechnologie bei weitem nicht so rasant entwickelt wie die Batterietechnologie. Dennoch muss es Honda gelungen sein, im Rahmen der Brennstoffzellenaktivitäten viel Knowhow bei der elektrischen Antriebstechnik und bei der Batterietechnologie aufzubauen. Ein reines Elektrofahrzeug hat Honda noch nicht angekündigt.

Bei Mobilitätsangeboten ist Honda bisher nicht in Erscheinung getreten und wegen geringer Marktanteile sicher auch kein Hauptplayer.

Opel/GM   Opel hat durchaus eine gute Kompetenz im Ottomotorenbereich, hat sich aber schon vor Jahren aus der Dieseltechnologie verabschiedet. Das Produktprogramm von Opel ist aus Kraftstoffverbrauchssicht ordentlich; mit Blick auf die USA sieht es aber bei GM mit immer noch vielen, sehr großen Fahrzeugen finster aus.

Bei den Elektrofahrzeugen kann GM auf den schönen EV1 zurückblicken – ein kleines leichtes Elektrofahrzeug für zwei Personen. Hätte man es mit der heutigen modernen und leichten Akkutechnologie versehen, hätte daraus wirklich etwas werden können. Heraus kam der Chevy Volt oder auch Opel Ampera: ein Plug-In-Mittelklassewagen mit einem Gewicht von 1,8 t einer schlechten Gesamt-CO_2-Bilanz und hohen Kosten. Das ist weder innovativ noch wirtschaftlich sinnvoll; aber ein Projekt, um Erfahrung aufzubauen. Bei den Brennstoffzellen hat GM Kompetenz erworben.

Tesla Da Tesla bei den konventionellen Fahrzeugen nicht aktiv ist, kann man diesen Bewertungsteil überspringen.

Bei den Elektrofahrzeugen war Tesla ganz klar der Trendsetter und verdient alle Anerkennung für die Leistung, als erstes ein attraktives Elektrofahrzeug in den Markt gebracht zu haben. Leider ist der Tesla Roadster ein ökologisch unsinniges Auto und „nur" ein imageträchtiges Spaßfahrzeug. Dennoch hat es Tesla geschafft, die Elektromobilität attraktiv zu machen und alle OEMs, die das technisch für unmöglich hielten, zu widerlegen – Glückwunsch! Der derzeitige Weg, Model S, eine große Limousine, elektrisch zu betreiben, ergibt genauso wenig Sinn und wird stückzahlmäßig ebenfalls eine Nische bleiben. Dennoch hat Tesla ein tolles Image und potente Geldgeber – bis hin zu ihrem Aktionär Daimler. Im Zusammenschluss mit einem OEM wäre es in der Lage, ein Massenprodukt mit dem richtigen Image auf den Markt zu bringen. Das ist für die anderen OEMs durchaus gefährlich. Zudem sitzt im Silicon Valley sehr viel Geld und ein paar Milliarden zum Kauf der notwendigen Firmen würden einem Google oder Apple nicht wehtun. So könnte ein Unternehmen für Elektrofahrzeuge und Mobilität entstehen.

Ford Bei der Produktpalette ist Ford vergleichbar mit GM: zu groß und zu schwer. Bei den Motoren bietet Ford sowohl bei den Diesel- als auch Ottomotoren Hausmannskost.

Ford kooperiert mit der Fa. Azure, die den Antriebsstrang entwickelt hat. Es baut erste Stadtlieferwagen, die zuerst von der norwegischen Post eingesetzt werden sollen. Das ist ein wichtiger Schritt, zeigt aber, dass Ford hier in entscheidenden Komponenten Knowhow zukaufen muss.

Im Elektrobereich zeigt Ford außer Hybriden und Plug-in-Hybriden keine Vision und hat auch wenig Kompetenz. Ford ist ein betriebswirtschaftlich geführtes Unternehmen ohne Anspruch auf technologische Führerschaft.

Bei der Mobilität hat Ford das System Onstar in den USA etabliert, das schon eine Grundverbindung des Fahrzeugs ins Netz ermöglicht. Mehr ist da allerdings noch nicht zu sehen.

Alle anderen Es mag sein, dass ich eine wesentliche Entwicklung in der Aufzählung nicht genannter Hersteller übersehen habe; gerade in solchen revolutionären Phasen ist es schwierig, kleinere Firmen einzuschätzen. Mit Tesla hätte vor fünf Jahren auch noch niemand gerechnet. Das automobile Geschäft ist sehr kapital- und knowhow-intensiv. Zudem ist das Risiko von Produkthaftpflichtfällen sehr hoch; auch dafür ist eine enorme Erfahrung erforderlich. Die Fahrzeuge sind flächendeckend mit Patenten abgesichert, bei denen es zwischen den (deutschen) OEMs eine Art Stillhalteabkommen gibt. Jeder könnte hier jeden stoppen, weil irgendein Patent immer verletzt wird. Neue Mitspieler könnte man somit leicht mit Patenten ausbremsen. Auch der Aufbau eines weltweiten Kundendienstnetzes würde Jahre dauern und enormes Kapital verschlingen.

Bei Firmen wie Hyundai, Kia, Peugeot, Citroen, Fiat, Chrysler, Porsche, Suzuki, Skoda und Seat sehe ich weder die nötige technische Kompetenz, den Unternehmenswillen noch die Marktstärke, um in der Zukunft eine entscheidende Rolle zu spielen. Hyundai hat sich allerdings im Kleinwagenbereich sehr gut entwickelt.

6.7.2   Zulieferer

Bei den Zulieferern muss man zwischen denjenigen unterscheiden, die direkt an die Automobilhersteller liefern (auch als „First tear" bezeichnet) und den Unterlieferanten („Second tear"). Das Bild der Direktlieferanten wird sich durch die Elektromobilität wandeln. Firmen, die heute mit der Automobilindustrie noch nichts zu tun haben, könnten in Zukunft bedeutende Lieferanten werden. Heutige starke Zulieferer könnten verschwinden oder ihr Teilespektrum komplett ändern müssen. Ein Lieferant, der heute Kolbenringe, Abgasanlagen oder Ölpumpen liefert, kann in Zukunft diese Teile möglicherweise nur noch in massiv reduzierter Stückzahl verkaufen. Das führt sofort zu sinkenden Preisen für die verbleibende Stückzahl und zu einem ruinösen Wettbewerb. Andere Lieferanten wie die heutigen Batteriehersteller könnten eine enorme Bedeutung gewinnen. Ich kommentiere im Folgenden nur die Zulieferer, die in Zukunft nach meiner Einschätzung eine hohe Bedeutung haben werden.

Bosch Bosch ist weltweit der führende Automobillieferant und hat durch seine hohe Kompetenz alle Karten in der Hand. Auch die geschickte Kooperation mit Samsung im Batteriebereich bietet gute Chancen. Bosch ist aber von der Unternehmenskultur eher autoritär, konservativ und auf Sicherheit bedacht. Bei einer so raschen Entwicklung, wie sie sich derzeit vollzieht, kann diese Kultur hinderlich sein. Zudem haben manche Manager bei Bosch noch zu viel „Benzin im Blut", obwohl das Unternehmen eigentlich elektrische Wurzeln hat. So liefert Bosch einen Großteil der Motorelektronik und der Einspritzsysteme von Verbrennungsmotoren. Dieser Unternehmensteil ist deutlich größer als der der Elektrofahrzeugkompetenz.

Continental Continental hat – obwohl mehr dem Maschinenbau verhaftet als Bosch – ebenfalls gute Karten in dem Geschäft. Es fehlt allerdings, nach meinem Wissen, ein starker Batteriepartner. Durch gute Elektromotoren- und Elektronikkompetenz und eine flexible und schnelle Unternehmenskultur könnte Continental diese Nachteile gegenüber Bosch schnell aufholen. Zudem ist Conti sehr aktiv bei der Ausgestaltung von Mobilitätsdienstleistungen – genau das, was in der Zukunft benötigt wird!

Siemens Siemens hat vor einigen Jahren die Automobiltochter Siemens VDO verkauft und ist damit aus dem Automobilgeschäft ausgestiegen. So sind nicht nur die technologische Kompetenz, sondern auch die automobile Kompetenz und die Kontakte zu den OEMs verschwunden. Folglich hat sich Siemens komplett aus dem klassischen Fahrzeuggeschäft mit Verbrennungsmotoren verabschiedet. Mit dem rasanten Aufstieg der Elektromobilität möchte Siemens jetzt wieder am Geschäft teilhaben und ist im Antriebsbereich dafür gut aufgestellt. Ein großer Coup gelang Siemens kürzlich mit dem Einstieg bei Daimler in die Konstruktion des eigenen

Computer-Aided-Design (CAD)-Systems NX; ein Bereich, in dem bisher Dassault mit dem System CATIA quasi Monopolist war. Siemens wäre durchaus in der Lage, neue Bordnetze und Steuergerätekonzepte zu konzipieren. In der Batterietechnologie sind derzeit keine Aktivitäten zu erkennen. Dagegen ist Siemens der starke Partner bei der Integration des Fahrzeugs in das Stromnetz, weil Siemens der dominierende Ausrüster für die Kraftwerksbetreiber ist.

Im Bereich der Mobilität hat Siemens sehr gute Chancen, ganz oben mitzuspielen. Siemens bietet Bahn-, und Leitsysteme an und hat sich klar dazu bekannt, die zukünftigen Großstädte mit Infrastruktur besonders im Bereich des ÖPNV-Mobilität zu versorgen. Das wird ein rasant wachsender Bereich werden.

Denso/japanische Zulieferer Die japanischen Zulieferer sind wesentlich abhängiger von den lokalen OEMs als die deutschen Firmen. Es gibt starke finanzielle und organisatorische Verflechtungen, die dazu führen, dass die japanischen Zulieferer eher wie hausinterne Lieferanten agieren. Deshalb ist davon auszugehen, dass sich wenig neue Firmen als Zulieferer etablieren können.

Halbleiterfirmen Ein größerer Teil der Wertschöpfung wird in Zukunft in der Leistungselektronik liegen. Diese wird für die Ansteuerung des Elektromotors und die Spannungswandlung im Bordnetz benötigt. Hier positionieren sich Firmen wie Infineon und Delphi. Die erwähnten großen Elektronikfirmen, wie Bosch, Conti und Siemens, können das aber auch und werden die Kompetenz dort sicher ausbauen. Da die Investitionen in Halbleiterfabriken sehr hoch sind, können diese auch nur kapitalstarke und etablierte Unternehmen leisten. Mutig und bisher einmalig war der Schritt von Toyota, eine eigene Fertigung für Leistungselektronik aufzubauen. Dafür sind Investitionen in Höhe von etwa einer Milliarde Euro zu veranschlagen.

Samsung/Sanyo Die beiden dominanten Firmen, die Lithium-Ionen-Akkus fertigen, sind Samsung (Südkorea) und Sanyo (Japan). Diese werden sicher auch in die automobile Zellfertigung einsteigen. Sie sind beide Kooperationen mit OEMs eingegangen. Ich gehe davon aus, dass sich die Wertschöpfung weitgehend auf die Zellfertigung beschränken wird und die Akku-Pack-Fertigung beim OEM erfolgen wird. LG (Südkorea) und Sony (Japan) sind Zellfertiger Nummer drei und vier und werden sicher auch in den Markt einsteigen.

Materialhersteller Elektrofahrzeuge müssen sehr leicht gebaut sein, damit sie günstig werden. Nur so kann der Energiebedarf gering und damit auch die kostentreibende Batterie klein werden. Dies hat zur Folge, dass leichte Materialien und hier besonders Aluminium wesentlich an Bedeutung gewinnen werden. In einer Aluminiumbauweise wird der Guss eine starke Rolle spielen, weil aus Kostengründen immer mehr Bauteile über Gießen integriert werden können. Aber auch höchstfeste Stähle werden immer stärker eingesetzt. Derzeit wird der Werkstoff Kohlefaserverstärkter Kunststoff (auch als Carbon bezeichnet) sehr hoch gehandelt. Dieser ist aber noch sehr teuer und wird zunächst nur in Premiumprodukten eingesetzt werden, für die der Kunde bereit ist, einen Aufpreis zu bezahlen. Weitere

Anwendungsbereiche sind dort zu finden, wo sehr hohe Laufleistungen erzielt werden, wie bei Nutzfahrzeugen (Busse, LKW) oder Schienenfahrzeugen.

Rohstoffwiederverwerter erlangen aufgrund steigender Rohstoffkosten eine immer höhere Bedeutung.

6.7.3 Zulieferer aus der zweiten Reihe: Unterlieferanten

Deutsche Unterlieferanten – meistens Mittelständler – sind stark davon abhängig, wohin sich die Technologie der Kunden entwickelt. Sie sind flexibel und häufig noch vom Inhaber geführt. Manche sind innovativ und kapitalstark, andere haben ihre Kernkompetenzen in der Fertigung und können neue Produkte, die auf diese Fertigungstechnologie passen, schnell entwickeln und kostengünstig anbieten.

Hierin besteht das Problem: Wenn die bisherigen Fertigungseinrichtungen nicht mehr zu den neuen Produkten passen, können viele dieser Zulieferer nicht mehr anbieten. Leider wissen die OEMs und Direktzulieferer derzeit auch noch nicht genau, wohin die technologische Reise der Elektromobilität führt. Deswegen wollen und können sie nichts an die Unterlieferanten kommunizieren und vergeben auch keine Aufträge. Die Unterlieferanten befinden sich weitgehend in einer Wartestellung: sie können noch gar nicht in die erforderlichen neuen Technologien investieren und verpassen möglicherweise deshalb den Umstieg. Aber Elektrofahrzeuge haben sehr viele mechanische und elektrische Komponenten, auf deren Herstellung die deutschen Lieferanten spezialisiert sind. Sie können den Standortvorteil in Deutschland und die Kenntnis der automobilen Prozesse nutzen. Viele OEMs und Direktlieferanten vergeben lieber die Aufträge an bekannte deutsche Firmen.

6.7.4 Energieversorger

Auch die Energieversorger, wie E.ON, Vattenfall oder RWE, sind mit großen Erwartungen an die Elektromobilität herangegangen. Sie müssen allerdings feststellen, dass der Strombedarf der Elektroautos nur wenige Prozent des gesamten Bedarfs ausmacht und sich damit kaum Geld verdienen lässt. Ladesäulen im öffentlichen Raum sind teuer zu bauen und zu unterhalten und werden sich kaum rentieren. Zeitgleich steigen die OEMs auch in die Energieversorgung ein: VW in Kooperation mit Lichtblick in Kraft-Wärme-Kopplung und AUDI über Investitionen in Windparks. Die OEMs sind derzeit sehr finanzkräftig, deutlich innovativer als die Energieversorger und seit Jahrzehnten den Wettbewerb gewöhnt.

Dennoch kommen auf die Energieversorger durch die Elektromobilität Chancen und neue Anforderungen zu: viele Haushalte, Arbeitgeber und öffentliche Stellen werden eine Ladestation installieren. Das schafft neue Aufträge. Die Energieversorger können sich auch in dem neuen Energieszenario, bei dem die Stromeinspeisung durch erneuerbare Energien stärker fluktuieren wird, stärker auf die technische und betriebswirtschaftliche Ausregelung dieses Problems konzentrieren und damit Geld verdienen. Dazu müsste es aber dringend einen minutengenauen Preis für Strom geben. Dann würden sich die Verbraucher sehr schnell an das Angebot anpassen. Die Elektrofahrzeuge könnten über Stromeinspeisung sogar Geld verdienen oder beim Laden in Schwachlastzeiten teilweise ganz umsonst fahren.

6.8 Warum wir heute starten müssen

Die Automobilindustrie hat sehr lange Investitions- und Lebenszyklen. In ein Presswerk, eine Lackiererei, Motoren- und Getriebewerke sowie Montagewerke wird für eine jahrzehntelange Laufzeit investiert. Die Entwicklung eines komplett neuen Fahrzeuges braucht etwa fünf Jahre. Wenn von Entwicklungszyklen von zwei Jahren gesprochen wird, ist damit fast immer ein Facelift, also eine leichte Designüberarbeitung mit bekannten Technologien, gemeint. Bei Elektrofahrzeugen handelt es sich aber um grundsätzlich neue Fahrzeuge, die auf dem weißen Blatt Papier entstehen. Nach einer ersten Prototypenphase folgen weitere Entwicklungs- und Erprobungsphasen. Bei BMW ist das sehr gut zu erkennen: nach etwa zwei Jahren Erprobung mit dem Mini-E, um die Kundenansprüche zu testen, läuft jetzt eine Erprobung des Antriebsstrangs und Akkupacks mit dem Active E, um 2013 mit dem Serienprodukt i3 in den Markt zu gehen. Damit kommt man auf die genannten fünf Jahre. Weiterhin geht man bei solch hohen Investitionen von einer Modelllaufzeit von zehn Jahren aus. Diese wird von Modellpflegen und Facelifts begleitet – das Grundmodell lebt allerdings häufig länger. Das Fahrzeug ist im Schnitt 12 Jahre in Kundenhand. Wenn wir heute ein neues verbrennungsmotorisch angetriebenes Auto entwickeln und darin investieren, geht das letzte Fahrzeug erst etwa 27 Jahre später, also fast 2040 außer Betrieb. Damit sind die „alten" Fahrzeuge schon viel früher unattraktiv, bevor das wahre Problem auftritt. Schon allein die Angst vor dem Problem beeinflusst die Kaufentscheidung. Viele Kunden sind derzeit bereit, Geld auszugeben, um mehr Verlässlichkeit und Zukunftsfähigkeit zu bekommen. Zudem ist das Fahrzeug ein Status- und Imageprodukt, weshalb für die neueste Technologie ein Mehrpreis bezahlt wird.

Die OEMs müssen also jetzt die Zukunft vorbereiten! Ich empfehle, bei den jetzigen Fahrzeugen nochmals massiv in die Verbrauchssenkung zu investieren. Dazu müssen alle denkbaren motorischen Maßnahmen (außer dem Vollhybrid) flächendeckend umgesetzt werden, kleinere Stirnflächen erreicht und damit schmalere und längere Autos konzipiert, die Aerodynamik verbessert und das Gewicht durch wirtschaftlich sinnvolle Mischbauweisen gesenkt werden. Erdgasantriebe müssen deutlich vorangetrieben werden. Eine Investition in große und schwere Fahrzeuge ergibt immer weniger Sinn.

Bei Elektrofahrzeugen sollte der Fokus auf die Kleinfahrzeuge und Stadtlieferfahrzeuge gesetzt werden, mit denen zuerst die Wirtschaftlichkeit erreicht werden kann. Bei den Mobilitätskonzepten muss man sofort starten. Um Größen- und damit Netzeffekte zu erreichen, wäre es sinnvoll, wenn sich mehrere Partner zusammenschließen würden. Hier könnten Bahn, Stadtwerke, Autovermieter, mehrere OEMs und Softwareanbieter kooperieren – vielleicht ein Traum, so viele verschiedene

Partner unter einen Hut zu bekommen, aber ein visionärer finanzkräftiger Partner wie Apple könnte so etwas bestimmt ermöglichen.

6.9 Was die TU München macht

An der TU München wurde Anfang 2009 erkannt, dass das Thema Elektromobilität sehr viele Facetten hat und nicht in einer Fakultät oder gar einem Lehrstuhl bearbeitet werden kann. Deshalb wurde das Wissenschaftszentrum Elektromobilität (WZE) gegründet, in dem inzwischen acht Fakultäten und mehr als 50 Lehrstühle zusammenarbeiten. Es ist eher ein virtueller Zusammenschluss mit regem Informationsaustausch, in dem größere Anträge koordiniert werden. So ist die TU München seit 2010 in Singapur aktiv und erforscht in einem vom singapurischen Staat mitfinanzierten Programm die Elektromobilität in Megacities. Ende 2009 starteten 21 Lehrstühle in einem Gemeinschaftsprojekt den Bau eines eigenen Elektrofahrzeuges. Dies wurde von Grund auf neu konzipiert und hatte das Ziel nachzuweisen, dass Elektromobilität auch wirtschaftlich darstellbar ist. Dazu wurde aus Kundensicht das Auto auf das sinnvolle Maß eines Zweitwagens für den Stadtverkehr reduziert. Herausgekommen ist MUTE, das auf der IAA 2011 vorgestellt wurde. Die Resonanz auf das Fahrzeug war überwältigend. Rückmeldungen von Fachleuten der Automobilindustrie über unser Technikkonzept und von möglichen Kunden über das Design waren durchweg positiv bis begeistert.

2011 wurde ein Clusterantrag im Rahmen der Exzellenzinitiative mit dem Thema „Electromobility beyond 2020" eingereicht, der wiederum von etlichen Lehrstühlen getragen wird. Dieser behandelt die systemischen und übergreifenden Aspekte der Elektromobilität der Zukunft.

6.10 Was die Politik tun kann, um E-Mobilität zu fördern

Die Bundesregierung hat das Ziel vorgegeben, bis zum Jahr 2020 eine Million Elektrofahrzeuge auf Deutschlands Straßen zu haben. In der Nationalen Plattform Elektromobilität (NPE) wurde und wird viel diskutiert, wie Deutschland ein Leitanbieter und ein Leitmarkt für Elektrofahrzeuge werden kann. Nach meiner Einschätzung ist in der NPE eine einseitige Ausrichtung auf das Fahrzeug vorgenommen worden, ohne zuerst einmal die Vorstellung einer zukünftigen Mobilität zu definieren. Deshalb sitzen mehrheitlich Interessensvertreter der Automobilindustrie am Tisch. Die Politik hat zum einen die Aufgabe, für die deutschen Bürger in Zukunft eine effektive und kostengünstige Mobilität sicherzustellen, zum anderen aber auch die deutsche (Automobil-)Industrie und damit etliche Arbeitsplätze zu schützen. Wenn grüne Politiker davon sprechen, dass wir mehr Mobilität und weniger Autos brauchen, gibt es Proteste seitens der Industrie. Die Politik muss diesen Interessenskonflikt angehen. Das geht nur, wenn sich die OEMs entscheiden, bei der Wertschöpfungsverschiebung, weg vom jetzigen Produkt Auto und hin zur Elektromobilität und Mobilitätsdienstleistung, mitzuspielen. Sonst wird das ein Kampf zwischen den Lobbyisten der Automobilindustrie und einer zukünftigen – wahrscheinlich stärker ökologisch orientierten – Bundesregierung. Gelungen ist das bereits bei den Umwelttechnologien, bei denen Deutschland jetzt Weltmarktführer ist. Zunächst war auch der Widerstand groß und es wurde der Untergang des Wirtschaftsstandortes Deutschland beschworen. Ich glaube fest daran, dass uns das ebenfalls bei der Energieversorgung der Zukunft (Stichwort Kernenergieausstieg) und der Mobilität gelingen kann. Die Politik sollte Maßnahmen ergreifen, die in der Bevölkerung durchsetzbar sind. Hier muss man besonders darauf achten, dass Mobilität auch für ärmere Bevölkerungsschichten erschwinglich bleibt. Freie Fahrt für Reiche wäre nicht vorstellbar. Volkswirtschaftlich muss das Konzept langfristig sinnvoll und ausgabenschonend sein, es soll gleichzeitig die Industrie in Deutschland fördern und Arbeitsplätze erhalten. Ebenso muss die Ökologie in den Bereichen CO_2-Ausstoß, Verkehrsbelastung und Ressourcenverbrauch einen hohen Stellenwert erhalten – eine wahre Herkulesaufgabe!

Die wichtigsten Maßnahmen, auf die sich die Politik konzentrieren kann, sind aus meiner Sicht folgende:

- Zuerst sollte der Staat eine Vorbildfunktion einnehmen: alle Kommunen, Länder und der Bund sollten Fahrzeuge grundsätzlich nur nach Vollkostenrechnung anschaffen. Dabei sollte verpflichtend ein deutlich steigender Spritpreis angenommen werden müssen (z. B. 5 % p.a.) und eine Laufzeit von 8 Jahren betrachtet werden. Damit wird sich die Nachfrage zugunsten sparsamer Fahrzeuge deutlich verschieben. Auch die Politiker sollten als Vorbild nur noch Fahrzeuge fahren, die schon jetzt die Vorgabe von 120 g CO_2/km einhalten. Dabei könnten auch Erdgasfahrzeuge eine Vorbildfunktion haben.
- Bei Elektrofahrzeugen ist ein Einstieg im Moment noch schwierig, weil kaum ein Angebot vorhanden ist und die deutschen Hersteller noch keine Serienfahrzeuge im Markt haben. Einen Umweltminister, der mit einem Prius vorfährt und die deutschen OEMs brüskiert, brauchen wir nicht wieder!
- Bei der Mobilität könnte der Staat mit guten Beispiel vorangehen, Portale für Fahrgemeinschaften bilden, die Benutzung der Bahn fördern und Flüge für wenige Personen vermeiden.
- Bei der Gesetzgebung und staatlichen Subventionen von Elektrofahrzeugen hat sich der Staat glücklicherweise zurückgehalten. Kaufprämien hätten in der jetzigen Phase zu einer Förderung ausländischer OEMs geführt, die z. T. etwas schneller im Markt sind, und somit den Markt verzerrt. In verschiedenen Bereichen kann der Staat aber in folgender Weise legislativ agieren:
- Die steuerliche Absetzbarkeit der Entfernungspauschale muss man abschaffen.
- Bei den konventionellen Verbrennerfahrzeugen sollte das Tanken auf Firmenkosten abgeschafft werden. Dafür kann es je nach Job eine Mobilitätspauschale geben.
- Die Höchstgeschwindigkeit sollte auf 130 km/h limitiert werden und darf nur von Neufahrzeugen bis zu einem Maximalverbrauch von 8 l Benzin/100 km bei Höchstgeschwindigkeit überschritten werden.

- Die Kraftstoffbesteuerung muss sich am Energiegehalt orientieren und sollte die zukünftige Entwicklung des Ölpreises schon vorausnehmen, d. h. die Kraftstoffkosten könnten damit durchaus schon heute um 10 % steigen. Dies müsste allerdings europaweit besser abgestimmt werden.
- Bei städtischen Fahrzeugen kann der Staat gerade bei den Elektrofahrzeugen gut als Kunde auftreten und die Nachfrage erhöhen. Hier sollte der Staat seinen Teil zur der geforderten Anzahl von einer Million Elektrofahrzeugen auch beitragen! Die OEMs könnten schrittweise bis zum Jahr 2020 Zwangsquoten für Elektroautos vorgegeben bekommen. Dies ist schon seit Jahren in Kalifornien gelebte Praxis und hat innovative Firmengründungen wie Tesla ermöglicht.
- Ein trojanisches Pferd zur Einführung von Elektroautos könnte sein, schon ab 2015 gesetzlich zu fordern, dass Fahrzeuge über z. B. 150 g CO_2/km im Zyklusverbrauch zwingend zusammen mit einem Elektroauto verkauft werden müssen. Das würde zuerst einen Aufschrei auslösen, könnte aber ein sehr wirkungsvoller Markteintrittsmechanismus sein.
- Um die Produktion von Akkuzellen ins Land zu holen, könnte auch eine Zwangsquote (so wie das China und andere Länder schon seit Jahren mit uns machen) für den lokalen Produktionsanteil von Zellen gefordert werden. Bei den anderen Komponenten sind wir in Deutschland mit der Zuliefererindustrie stark genug.

Bei der Änderung der Mobilität kann der Staat sehr wirkungsvoll eingreifen:
- Auf vielbefahrenen und stauanfälligen Strecken sollten zügig Sonderfahrspuren für Busse, Elektrofahrzeuge und Fahrzeuge, die mit mindestens zwei Personen besetzt sind, ausgewiesen werden. Bestimmte Innenstadtbereiche könnten sogar komplett für konventionelle Fahrzeuge gesperrt werden. So entsteht eine Monopolsituation, die viel wirkungsvoller die neue Form der Mobilität fördert als alles Geld der Welt.
- Der Staat muss dringend das Monopol der Bahn auf die Langstreckenmobilität kippen und Langstreckenbusse von Privatanbietern zulassen. Der Ausbau bestimmter Bahnstrecken sollte Priorität vor dem Bau neuer Straßen haben. Die sofortige Einführung einer kostenlosen Bahncard 50 für alle Bundesbürger, d. h. die Senkung der Bahnpreise, ist auch dringend nötig, selbst wenn dafür Steuergelder ausgegeben werden müssen.
- Kerosin für Flugzeuge muss genauso energetisch besteuert werden wie die Kraftstoffe für Fahrzeuge, um die Wettbewerbsverzerrung zu bereinigen.
- Generell wird der Staat langfristig nicht umhinkommen, pro Kopf ein CO_2- und Rohölbudget festzulegen. Das wäre fair, weil bis zu dieser Grenze keinem Bürger zusätzliche Kosten entstünden. Bürger, die mehr verbrauchen, müssten sich dann Rechte von Bürgern kaufen, die weniger verbrauchen. Gerade für Ärmere, die weniger luxuriös und damit weniger energieverbrauchend leben, wäre das eine zusätzliche Einnahmequelle. Und Luxus wie Urlaubsflüge, Freizeitreisen, geheizte Schwimmbäder, große Häuser, Luxusautos würden automatisch teurer. Dieses Budget könnte Jahr für Jahr moderat abgesenkt werden, um Innovationen zu fördern und die Umwelt zu entlasten.

6.11   Die Rolle der EU und die automobilen Lobbyisten

Die für die OEMs relevanten Gesetze werden immer häufiger von der EU vorgegeben und in Deutschland i. d. R. nur noch in Bundesrecht umgesetzt. Die Bundes-
länder haben in diesem Bereich immer weniger gesetzlichen Einfluss. In der EU
haben aber deutlich mehr Länder das Sagen, die keine relevante Automobilindustrie
besitzen. Nur in Frankreich, Deutschland und Italien sitzen die Zentralen der großen
OEMs und dort findet auch die größte Wertschöpfung statt. Die anderen Länder
sind überwiegend Nettoimporteure von Fahrzeugen und denken und handeln damit
auch anders als die Nettoexporteure von Autos. Dies wird sich mit steigenden Ölpreisen in Zukunft noch weiter auseinander entwickeln.

Konsequenterweise schicken deshalb alle OEMs ihre Lobbyisten nach Brüssel,
um in ihrem Sinne Einfluss zu nehmen. Das ist legal und aus Sicht der OEMs auch
nachvollziehbar. Als die freiwillige Selbstverpflichtung zur Senkung des Flotten-
verbrauchs nicht erfüllt wurde, hat die EU konsequent und entgegen der Forderung
vieler deutscher OEMs und deren Lobbyisten ein sehr hartes und konsequentes Gesetz erlassen. Ich würde die Rolle der automobilen Lobbyisten auf EU-Ebene deshalb nicht als zu stark einschätzen.

In Deutschland sieht das anders aus. Hier können die Firmen auf die Politik deut-
licheren Einfluss nehmen. Das zeigt sich an verschiedenen Beispielen: die Wahl der
Dienstwagen der Politiker lässt tief blicken.

Die Abwrackprämie in Milliardenhöhe zur Stützung der deutschen OEMs wurde
trotz explodierender Gewinne nie zurückgefordert. Und bei der NPE sieht es mehr
nach einer Verabredung der aktuellen Player mit „Benzin im Blut" aus als nach dem
Wunsch nach einer Revolution.

Auch in der Förderpolitik geben die OEMs den Ton an, und ohne deren Zustim-
mung geht in den Ministerien bei automobilen Themen wenig.

Deutschland könnte sich hier international in eine Sackgasse manövrieren, wenn
das alte System beibehalten werden sollte.

6.12   Die Förderpolitik in Deutschland und der EU

Auch hier schneide ich ein heißes Thema an: Als ich mich 2008 an der TU München bewarb, musste ich einen Prozess durchlaufen, in dem ich einen Berufungs-
vortrag vor der Berufungskommission, die aus etlichen Professoren bestand, hielt.
Es wurden internationale Gutachten von Top-Forschern eingeholt und ein großer
Aufwand getrieben, um nachzuprüfen, ob ich geeignet sei, das Fachgebiet der Fahrzeugtechnik würdig zu vertreten. So dachte ich, dass ich jetzt frei in meinem Gebiet
forschen und lehren kann, wie das auch im Grundgesetz verankert ist. Kaum an der
Universität angekommen wurde mir schnell klar, dass die Realität da aber leider
anders aussieht:

In unserer Fakultät Maschinenwesen erhalten wir nur etwa 25 % der Gesamt-
mittel vom Land Bayern. Die restlichen 75 % werben wir über sog. Drittmittel im

freien Wettbewerb ein. Ein Teil davon kommt direkt von Firmen, die bei uns Forschungsprojekte beauftragen, damit aber auch sagen, woran geforscht werden soll und die Ergebnisse exklusiv und mit allen Patenten zur eigenen Verwertung übertragen bekommen. Ein weiterer Teil sind Drittmittel aus Förderprojekten, die über Stiftungen, die Deutsche Forschungsgemeinschaft, die Landesministerien, Bundesministerien oder die EU vergeben werden. Dazu muss man Anträge schreiben über das, was man machen möchte. Es wird meistens eine Industriebeteiligung gefordert, d. h. Industriepartner müssen sich finanziell beteiligen und erhalten dann ebenfalls eine staatliche Förderung.

Die Anträge werden dann von neutralen Gutachtern beurteilt. Das sind Professoren und Industrievertreter. Gemeinsam entscheidet das Gremium zusammen mit dem Fördergeber über die Förderwürdigkeit. Die Abwicklung erfolgt häufig über einen Projektträger, der auf die Einhaltung der Förderrichtlinien und den korrekten Prozessablauf achtet.

Dieses Verfahren klingt zuerst einmal transparent und fair, hat aber Nachteile.

Man kann sich natürlich nur für die Themen bewerben, die ausgeschrieben sind. Für andere Themen gibt es kein Geld. Damit fördert die Politik ganz massiv die Forschungsschwerpunkte und nicht mehr die Forschungseinrichtungen allgemein. Wenn sie sich irrt, ist das für einen Hochtechnologiestandort wie Deutschland tödlich.

Häufig wird nur ein Viertel der gestellten Anträge genehmigt. Viel Arbeit ist umsonst.

Der organisatorische Aufwand für den gesamten Prozess ist sehr hoch. Für relativ einfache Projekte auf Bundesebene muss man dafür schon 25 % des Gesamtbudgets rechnen, für EU-Projekte eher 50 %. Es wird viel Geld für Projektkoordination, Projektträger, Verwaltung etc. ausgegeben, so dass hier schon ganze Branchen entstanden sind, die sich nur mit der Akquise und Verwaltung von Fördergeldern beschäftigen. An den Unis wird teilweise 25 % der Kapazität von Lehrstühlen nur für die Projektakquise und das Antragsschreiben verwendet. Das ist leider häufig pure Ressourcenverschwendung!

Der Prozess von der Ausschreibung über die Antragstellung bis zur Genehmigung dauert oft deutlich mehr als ein Jahr. Zwei Jahre sind keine Seltenheit. Damit verliert man bei rasanten Themen, wie jetzt bei der Elektromobilität, viel Zeit. Man darf auch nicht vorher anfangen, weil begonnene Themen nicht mehr gefördert werden können. Deswegen reichen auch viele Forscher ihre besten Ideen dort gar nicht ein, weil sie zum einen viel Zeit verlieren und zum anderen damit ihre Themen auch an die Gutachter verraten. Es soll durchaus schon vorgekommen sein, dass gute Themen bewusst abgelehnt und dann in den eigenen Häusern der Gremienmitglieder bearbeitet wurden.

Die verpflichtende Einbindung der Industrie hat auch Konsequenzen. Es werden nur Themen gefördert, die der aktuellen Industrie auch „genehm" sind. An Themen, die das aktuelle Geschäftsmodell stören, beteiligt sich die Industrie einfach nicht und man kann somit auch keine Förderung erhalten. Neue Themen, bei denen es noch gar keine Industrie gibt, können so nicht gefördert werden. Wie sollen in diesem System weiterhin Innovationen an Universitäten gewährleistet bleiben?

Die Verbundförderquote, also die Förderquote über alle Projektpartner hinweg, beträgt meistens 50 %. Der hohe administrative Aufwand in den Industrieunternehmen hat dazu geführt, dass diese häufig eine Mindestförderquote von 35 % fordern. Bei einer Verbundförderquote von 50 % gehen damit 70 % der gesamten staatlichen Förderung an die Industrie. Nur 30 % verbleiben bei staatlichen Forschungseinrichtungen. Bedenkt man, dass viele Firmen sowieso an diesen Themen arbeiten und Ergebnisse einbringen, die sie auch ohne Förderung erzielen würden, ist viel staatliches Geld für Forschungsförderung eigentlich nur eine versteckte Subvention für die Firmen. Es soll große Industriefirmen geben, die einen nicht unerheblichen Teil ihres Gewinnes, also Beträge in Milliardenhöhe, durch legale aber geschickte Ausschöpfung von Fördergeldern erzielen – hier meine ich aber keine OEMs.

Ein weiteres Risiko ist der Wunsch der Politiker, nach vier Jahren Amtszeit wiedergewählt werden zu wollen. So möchten sich die Politiker über gute Projekte profilieren. Dadurch dienen manche Projekte eher dem Imagegewinn als der wissenschaftlichen Exzellenz, und der Projektabschluss sollte möglichst in der Zeit des Wahlkampfes liegen.

Ein schönes Beispiel, wie es besser laufen kann, habe ich in Singapur erlebt. Wir haben seitens der TU München in Singapur Anfang 2010 einen Antrag gestellt, der in Deutschland vom Umfang her gerade als Skizze durchgegangen wäre, und haben seit Oktober 2010 etliche 10 Mio. € zur Forschung an Elektromobilität zur Verfügung: ohne verpflichtende Industriebeteiligung, recht frei einsetzbar, ohne große Verwaltung und vor allem schnell. Die Industrieunternehmen kommen jetzt auf uns zu und wollen mitmachen. Nicht umsonst wird Singapur derzeit als eines der drei innovativsten Länder bewertet.

Davon kann man in Deutschland nur träumen! Es müsste einfach mehr Vertrauen der Politik in die Universitäten zurückkehren. Die Grundfinanzierung der Unis reicht häufig gerade aus, um die Lehre einigermaßen abzudecken. Die Anträge können dann in der Freizeit geschrieben werden und für freie Forschung bleiben weder Luft, Zeit noch Geld. Das Forschungsgeld gehört stärker an die Universitäten und sollte dort frei, schnell und flexibel eingesetzt werden können. Die größeren Firmen brauchen eigentlich gar keine Forschungsförderung. Sie sollten besser auf andere Weise eingebunden werden: es ist derzeit ein großer Aufwand und häufiger Streit, wem die Patente, Schutzrechte und das Knowhow gehören. Man könnte hier von staatlicher Seite eine Regelung treffen, dass sämtliche Schutzrechte, die an Unis und staatlichen Forschungseinrichtungen mit öffentlichen Geldern erarbeitet werden, den Firmen, die in Deutschland ihren überwiegenden Firmensitz haben, kostenlos zur Verfügung gestellt werden. Über bessere steuerliche Abzugsfähigkeit von Forschungsausgaben könnte man den Firmen unkomplizierter Geld zukommen lassen. Im Gegenzug müssten die Firmen auf Forschungsförderung verzichten. Die Themensteuerung an den Unis könnte durch (verpflichtende) Industriebeiräte erfolgen. Es besteht unter Umständen die Gefahr, dass sich die Unis damit zu stark verselbstständigen und den Kontakt zur Industrie verlieren – das jetzige System ist nach meiner Einschätzung aber teilweise ineffektiv und Beispiele wie Singapur zeigen, dass alternative Konzepte durchaus gut und mit deutlich weniger staatlich eingesetztem Geld funktionieren.

6.13   Welche Rolle die Presse spielt

Die automobile Presse befindet sich in enger Symbiose zur Automobilindustrie. So gibt es zwar die Pressefreiheit, und jeder Journalist kann schreiben, was er will. Dennoch haben die OEMs Hebel in der Hand, die die Presse in eine Abhängigkeit bringen. Werbeeinnahmen machen einen erheblichen Teil des Gewinns der Verlage aus. Somit ist jede Zeitschrift existentiell darauf angewiesen. OEMs könnten also größere Jahresbudgets an ganze Verlagsgruppen vergeben mit dem dezenten Hinweis, dass Pressemeldungen der OEMs nicht allzu stark modifiziert werden müssen. Den Hinweis kann man sich sicherlich sparen, weil die Verlage sich dieser Abhängigkeit durchaus bewusst sind.

Ein weiterer Hebel sind interne Veranstaltungen der Automobilindustrie. Sie dienen dazu, Innovationen schon vorab vorzustellen. Dort werden nur diejenigen wieder eingeladen, die positiv berichten. Ich habe bei solchen Veranstaltungen mit Journalisten gesprochen, die ihre Artikel umsonst ins Netz gestellt haben – also nichts damit verdienen konnten –, nur um in dem erlesenen Kreis der Eingeladenen zu verbleiben und bei der nächsten Veranstaltung wieder dabei sein zu dürfen. Nur wenige Journalisten und Zeitschriften können sich aus dieser Abhängigkeit lösen und offene Kritik äußern. Nichtautomobile Zeitschriften wie der „Spiegel" haben bessere Möglichkeiten, sich kritischer zu äußern. Aber auch da locken attraktive Werbebudgets...

Umgekehrt hat die Presse über Vergleichstests eine gute Möglichkeit, neue Technologien zu fördern und Autos in eine bestimmte Richtung zu entwickeln. Hier gibt eigentlich nur „Auto Motor Sport" (AMS) den Takt vor. Durch harte Bremsentests wurden die Bremswege im Laufe der Jahre deutlich reduziert und die Crashtests von AMS wurden die Basis für den EuroNCAP-Test. Bei den deutschen OEMs ist das schon fast die Bibel für Entwickler geworden.

6.14   Wie Sie sich persönlich auf das Nachölzeitalter einstellen können

Die Hauptverbraucher für Öl sind heutzutage die Ölheizungen, Autos und Flugreisen. Beim CO_2 sind das darüber hinaus noch der gesamte Haushaltsbereich (und heute immer mehr auch Computer). Damit werden die notwendigen Maßnahmen recht einfach.

Stellen Sie Ihre Heizung auf Gas, Holz, Erdwärme, Kraft-Wärme-Kopplung oder Fernwärme um. In Verbindung mit einer Solaranlage zur Warmwassererwärmung ist das schon eine gute Lösung. Die Technologien sind alle erprobt und seriengeeignet. Dazu sollten Sie alte Fenster austauschen und ein Maximum an Wärmedämmung vornehmen.

Für Wohlhabendere kommt eine Beteiligung an einer Windkraft-, Solar- oder Biogasanlage in Frage, um unabhängiger zu werden.

Bei den Haushaltsgeräten und Computern sollten Sie nur solche mit bester Energieeffizienz wählen und die Beleuchtung möglichst auf LED-Lampen umstellen.

Bei der Mobilität ist der einfachste, billigste und schnellste Weg, den Ölverbrauch zu reduzieren, weniger zu fahren. Ein Großteil der Kilometer kommt bei der
Fahrt zur Arbeit und bei Freizeitaktivitäten zustande. Sie sollten möglichst in die
Nähe der Arbeitsstelle ziehen oder sich einen guten Arbeitgeber an einem attrak-
tiven Ort aussuchen, wo Sie auch gern wohnen möchten. Dass viele Leute das erkannt haben, zeigt sich an dem Wunsch, wieder in die Städte zu ziehen. Der Effekt,
dass man auch noch eine Menge Zeit spart und die Lebensqualität steigt, kommt
kostenlos hinzu. Ich habe nie mehr als 30 km von meinem Arbeitsplatz entfernt
gewohnt und bin deswegen immer dem Job hinterher gezogen. Jetzt fahre ich von
meinem Haus 2 km zur TU München mit dem Fahrrad, komme zum Mittagessen
nach Hause, mache automatisch dadurch mehr Sport und genieße die neu gewon-
nene Zeit.

Letztlich brauchen Sie einen Wohnort mit guter Anbindung zum ÖPNV und zur
Langstreckenmobilität durch Bahnhof und Flughafen.

Das immer noch erforderliche Auto sollte sich an die wirklich erforderlichen
Mobilitätsbedürfnisse anpassen und nicht unnötig größer sein. Da kann man sich
lieber im Bedarfsfall ein Auto leihen oder einem Car-Sharing-Unternehmen bei-
treten. Mein persönlicher Favorit und auch größter sachlich erforderlicher Wagen
wäre, ohne hier Werbung machen zu wollen, ein Golf Variant mit Erdgasantrieb –
gibt es aber leider (noch) nicht. Für viele reichen aber schon moderne Fahrzeuge in
der Kleinwagenklasse aus. Unter 120 g CO_2/km, also etwa 5 l Benzin auf 100 km,
darf das Auto aber höchstens verbrauchen.

Elektroautos sind im Moment zu vernünftigen Preisen noch nicht zu bekommen.
Ab 2012 kommen erste kleinere Fahrzeuge auf den Markt. Für den kostenmäßig
sinnvollen Einstieg mit MUTE müssen Sie bestimmt noch bis 2018 warten. Sobald
ein vernünftiges Elektroauto verfügbar ist, will meine Frau unseren jetzigen Wagen
abschaffen und durch dieses Auto ersetzen. Das eingesparte Geld werden wir dann
in alternative Langstreckenmobilität investieren.

Flugreisen können einem die gesamte CO_2-Bilanz verhageln; eine einzige Inter-
kontinentalreise verbraucht zum Teil mehr Kraftstoff als das Auto im gesamten Jahr.
Häufig handelt es sich dabei um Urlaubsreisen, also um puren Spaß. Diese sind vom
einen auf das andere Jahr entbehrlich und das tut keinem so richtig weh. Dienstliche
Reisen können immer stärker durch Videokonferenzen abgedeckt werden, wenn
sich die Teilnehmer in großen Abständen persönlich treffen.

Fazit

7

Ich hoffe, ich konnte Sie davon überzeugen, dass der Rückgang der Ölförderung und die gleichzeitig steigende Nachfrage nach Öl zu einem massiven Problem für die Mobilität und die Automobilindustrie führen werden. Sie konnten einen Einblick gewinnen, wie die Automobilindustrie wirklich tickt. Wir brauchen keine überraschenden neuen Technologien, um die anstehenden Probleme zu lösen, sondern eine geschickte Kombination heutiger Technologien führt zum Ziel. Ich sehe die Rahmenbedingungen in der Zukunft für die Autos recht düster, aus Sicht des Kunden die Möglichkeiten zeitsparende, bequeme und kostengünstige Mobilität zu erleben aber sehr optimistisch. Dazu müssen verfügbare Lösungen konsequent umgesetzt und die gesetzlichen Rahmenbedingungen geschaffen werden. Die Automobilhersteller, die frühzeitig diesen Weg als Mobilitätsanbieter mitgehen, werden die Gewinner sein, diejenigen, die weiter auf das konventionelle Auto und steigende Stückzahlen setzen, werden untergehen.

Die größte Revolution muss nicht bei den Ingenieuren, sondern in den Köpfen der Industrievorstände, Politiker und vor allem der Kunden stattfinden.

M. Lienkamp, *Elektromobilität*,
DOI 10.1007/978-3-642-28549-3_7, © Springer-Verlag Berlin Heidelberg 2012

Sachverzeichnis

M. Lienkamp, *Elektromobilität*,
DOI 10.1007/978-3-642-28549-3, © Springer-Verlag Berlin Heidelberg 2012